就业技能培训新模式教材

家务服务

本书编写组 编写

中国劳动社会保障出版社

图书在版编目（CIP）数据

家务服务 / 本书编写组编写. -- 北京：中国劳动社会保障出版社，2024

就业技能培训新模式教材

ISBN 978-7-5167-6270-7

Ⅰ.①家… Ⅱ.①本… Ⅲ.①家政服务-职业培训-教材 Ⅳ.①TS976.7

中国国家版本馆 CIP 数据核字（2024）第 046741 号

中国劳动社会保障出版社出版发行

（北京市惠新东街 1 号 邮政编码：100029）

*

河北品睿印刷有限公司印刷装订 新华书店经销

880 毫米 ×1230 毫米 32 开本 6 印张 140 千字

2024 年 9 月第 1 版 2024 年 9 月第 1 次印刷

定价：18.00 元

营销中心电话：400-606-6496

出版社网址：http://www.class.com.cn

版权专有 侵权必究

如有印装差错，请与本社联系调换：（010）81211666

我社将与版权执法机关配合，大力打击盗印、销售和使用盗版图书活动，敬请广大读者协助举报，经查实将给予举报者奖励。

举报电话：（010）64954652

为深入实施人才强国战略、就业优先战略,健全完善终身职业技能培训体系,探索"互联网+职业技能培训"新形态,不断加强职业培训教材与数字资源供给,有效提高培训质量,满足开展就业技能培训需要,特别是开展线上线下混合模式职业技能培训的需要,中国劳动社会保障出版社组织编写了就业技能培训新模式教材。在教材的组织编写过程中,以就业技能需求为依据,贯彻"以就业为导向,以技能为核心"的理念,并力求使教材具有以下特点。

精。教材内容以就业必备技能为主线,按照说明书的方式编写,精选就业岗位操作必备的知识和技能,满足就业技能培训的需要,让学员在短期内掌握岗位所需技能,顺利上岗。

融。教材以纸数融合为特色,将数字化资源与教学内容有机融合,学员不仅可以按照教材内容一步步掌握知识和技能,还可以通过扫描二维码反复观看操作技能视频、图片、案例等数字资源,便于直观学习理解和对照操作,逐步提高技能水平。

易。对教材内容的呈现形式进行了精心设计,采用图表、色彩等多元化的呈现形式,同时还设置了"注意事项""小贴士"等多个小栏目,以使内容更加丰富且易于理解。

家·务·服·务

　　就业技能培训新模式教材的编写是一项探索性工作，由于时间紧迫，不足之处在所难免，欢迎各使用单位及个人对教材提出宝贵意见和建议，以便教材修订时补充更正。

Contents 目录

模块一 基础知识 ····· 1
 学习单元一 安全常识 ····· 2
 学习单元二 卫生常识 ····· 11

模块二 制作家庭餐 ····· 19
 学习单元一 烹饪原料选购与初加工 ····· 20
 学习单元二 家庭烹调刀工技术 ····· 47
 学习单元三 烹制膳食 ····· 60

模块三 洗烫收纳衣物 ····· 85
 学习单元一 洗涤衣物 ····· 86
 学习单元二 熨烫衣物 ····· 108
 学习单元三 收纳衣物 ····· 119

模块四 清洁家居 ····· 135
 学习单元一 清洁居室 ····· 136
 学习单元二 清洁家居用品 ····· 151

模块 一
基础知识

学习单元一　安全常识

一、家用电器使用安全

1. 家用电器使用注意事项

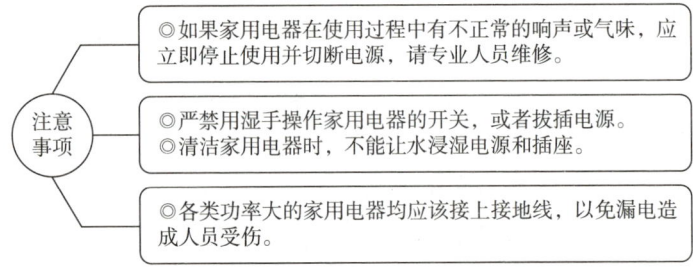

◎ 如果家用电器在使用过程中有不正常的响声或气味，应立即停止使用并切断电源，请专业人员维修。

◎ 严禁用湿手操作家用电器的开关，或者拔插电源。
◎ 清洁家用电器时，不能让水浸湿电源和插座。

◎ 各类功率大的家用电器均应该接上接地线，以免漏电造成人员受伤。

2. 常见家用电器的安全使用

掌握家庭中常见家用电器的安全使用方法，可以优化电器性能，延长电器寿命，预防火灾和电器事故的发生。家庭常见家用电器安全使用方法见表1-1。

表1-1　常见家用电器安全使用方法

电器	安全使用方法
冰箱	◎ 冰箱应该使用独立的插座，不要与其他电器共用插座，以免电流不稳定，损坏冰箱
	◎ 严禁将电线缠绕在冰箱门上

续表

电器	安全使用方法
冰箱	◎ 定期清理冰箱的冷凝器和散热器，保证冰箱的散热效果
微波炉	◎ 不要在微波炉内放置金属制品、瓶装食品、纸制品，以及易燃易爆、有毒有害的物品，以免发生危险
	◎ 加热食品时应该使用微波炉专用容器，不要使用金属容器或塑料容器，以免产生有害物质
	◎ 不要在微波炉中使用密封容器加热食物，以免加热时产生的热量无法散出，导致容器内压力过高，引发爆炸事故
电饭煲	◎ 电饭煲加热盘下不得有水，以防短路或触电。在清洗电饭煲时，应使用湿布或海绵，以免将水滴入电饭煲内部
	◎ 电饭煲的内胆是铝制品，应避免煮酸碱类食物，以免对内胆造成损坏
	◎ 在食物煮好后，应及时断电，并避免长时间让电饭煲处于保温状态
电热水壶	◎ 检查电热水壶的开关，确保在通电之前电源的开关处于关闭的位置，以免冲击的电流损害机体，影响电热水壶使用寿命
	◎ 注水要适量，不应超过最高水位线，以免液体沸腾时溢出壶外；也不宜过少，否则水会很快烧干，损坏电热水壶
	◎ 使用电热水壶时应有人照看，避免干烧
	◎ 清洁电热水壶时，不能浸入水中或用水淋洒冲洗，以免因潮湿而损坏电热水壶绝缘，引起故障和漏电
空调	◎ 不要频繁开关空调，否则会使其维持在高负荷运行，容易导致空调损坏
	◎ 空调滤网会积聚灰尘和细菌，应及时清洗。清洗空调滤网时，应先关闭空调电源，拆下滤网，用温水和清洗剂清洗，然后晾干
	◎ 使用空调时，应避免在空调上方覆盖物品，以免影响空调散热，导致空调过热或损坏

续表

电器	安全使用方法
空调	◎ 遇到停电时，应立即拔掉空调电源，以免恢复供电时电流过大烧坏空调
	◎ 空调长期停机时（如季节性停机）要拔掉电源，取出遥控器内的电池，以免损坏
	◎ 空调应单独使用安全插座，防止电源泄漏
电热水器	◎ 电热水器在使用前必须先进水。先打开进水阀，等水注满容器后，才能打开电源开关加热
	◎ 电热水器一定要安装漏电保护器，电源插座的位置应设置在流水无法溅到的地方
	◎ 电热水器的耗电量较大，必须使用专门的电源线和插座
	◎ 清洁电热水器的外壳时，一定要先断开电源；内胆和发热管的除垢，必须由专业人员操作
	◎ 使用电热水器时，一定注意水温不要过高或过低，以免出现烫伤、着凉等情况

二、家庭燃气使用安全

1. 安全用气注意事项

（1）遵守安全用气规则，不要私自拆改燃气设施，不要使用不合格的燃气设备和器具，不要在燃气管道上挂载重物，牵挂电线等。

（2）长期外出应关闭室内燃气总阀，并保持室内通风。检查时不要使用明火进行照明。

（3）发现燃气泄漏时要立刻关阀，迅速打开门窗，加强通风，室内禁止一切火种，禁止开关任何电源和打电话，以免产生电火花引燃燃气。

2. 安全使用家用燃气设备

（1）燃气灶

燃气灶是家庭厨房中常用的烹饪工具，它具有火力猛烈、快速升温、高效节能等优点，但也存在一定的安全隐患，在使用燃气灶时，需要注意以下几点。

1）使用燃气灶时，要注意打开厨房的窗户或抽油烟机通风，避免人员中毒或缺氧窒息死亡。

2）严格遵守"先点火后开气"的次序，不能采取"气等火"的方式。

3）烧煮食品时，必须有人照看，避免锅内食品烧干、烧焦导致安全隐患。

4）使用天然气、液化气灶时要有人看管，防止汤水沸溢熄灭火焰，使气体漏出引发危险。

5）用完燃气灶后，应及时关闭所有的燃气开关和阀门，避免漏气。

（2）燃气热水器

燃气热水器利用管道煤气、天然气或液化石油气加热自来水，实现自来水的即开即热。在使用燃气热水器时，需要掌握一些基本的安全使用方法。

1) 禁止将燃气热水器直接安装在卫生间内,因为使用时会消耗大量氧气,排出含一氧化碳的气体。

2) 燃气热水器不得安装在箱体内,也不能安装在燃气灶或热源的上方。

3) 禁止在燃气热水器周围放置易燃、易挥发性物品,禁止在排气口和供气口上放置毛巾、抹布等易燃品。

三、家庭用水安全

1. 节约用水

水是"生命之源",是人类和所有生物赖以生存的重要条件,珍惜水就是珍惜生命。需要从多方面树立节水意识,养成节约用水的习惯。

树立意识	树立节约用水的意识。
改变习惯	改变浪费水资源的恶习。
一水多用	养成循环用水的习惯。
分质用水	根据不同情况分质用水。

2. 家庭水源事故的预防和处理

了解家庭水源事故的预防和处理措施,可以保护家庭成员的人身安全和财产安全,具体措施见表1-2。

表 1-2　家庭水源事故的预防和处理措施

方式	具体内容
预防措施	◎ 在水槽的下水口处放上过滤网，并随时清理垃圾 ◎ 剩饭菜不要直接倒入下水道，以免堵塞 ◎ 排水系统应保持畅通，避免因排水不畅导致污水倒流或产生异味 ◎ 若水龙头无水流出，一定要随手关上水龙头
处理措施	◎ 下水道堵塞时，应用专业工具疏通或寻找专业人员帮助 ◎ 房间出现溢水情况时，应及时关闭水源，再排掉积水 ◎ 水龙头年久失修，无法关水，应关闭总阀门后再换水龙头 ◎ 水管裂开时用毛巾等物缠裹水管，再用水桶接水 ◎ 如果水溢到房间，应及时将怕水浸的物品放至高处

四、家庭火灾防护

1. 火灾预防

※ 家中不存放易燃易爆物品，不使用劣质电器，点蚊香应采取有效的防火措施，台灯不要靠近枕头和被褥。
※ 用完熨斗后一定要养成随手切断电源的习惯。
※ 在睡觉前或家中无人时，要切断电视机、收录机、电风扇等家用电器的电源。

2. 火灾扑救

家庭发生火灾后，应沉着冷静，辨别起火原因，在火灾的初期阶段及时采取措施进行扑救。

起火类型	扑救方法
电器起火	家用电器或线路着火，要先切断电源，再用干粉或气体灭火器灭火，不可直接泼水灭火，以防触电或电器爆炸伤人。
家具、被褥等起火	一般用水灭火，用身边可盛水的物品如脸盆等向火焰上泼水，也可把水管接到水龙头上喷水灭火，同时把燃烧点附近的可燃物泼湿降温。
油锅起火	油锅起火时应迅速关闭炉灶燃气阀门，直接盖上锅盖或用湿抹布覆盖，还可向锅内放入切好的蔬菜冷却灭火。切忌用水浇，以防燃着的油溅出来，引燃厨房中的其他可燃物。
液化气罐起火	除可用浸湿的被褥、衣物等捂压外，还可将干粉或苏打粉用力撒向火焰根部，在火熄灭的同时关闭阀门。
手机、充电宝起火	立即切断电源，快速移开周边易燃物品，可以将毛巾浸湿后捂住手机或充电宝，也可使用干粉灭火器灭火。
酒精起火	断绝火源的氧气是扑灭酒精起火的最好方式，最好使用棉被等覆盖面积较大的物体，如果使用T恤等面积较小的物体，可能需要反复覆盖，但绝不能快速拍打。此外，为了防止覆盖物自身被引燃，最好事先将覆盖物浸湿。也可用沙土覆盖灭火，原理也是一样的。

3. 逃生

如果火灾发生后，自身难以灭火，甚至已经威胁到生命安全时，要想方设法地逃生脱险，以保证家人和自身安全。常用的逃生方法见表1-3。

表1-3 火灾中的逃生方法

措施	具体说明
逃离火区	◎ 起火后,应先稳定情绪,判断火源方向,然后选择逆风方向快速离开火区 ◎ 不可带火奔跑,身上着火应就地打滚熄灭,然后再用淋湿的床单、棉被、毯子裹紧身体冲出火区
防止烟中毒	◎ 用水(或尿)把毛巾或衣服浸湿后捂住口鼻,可延缓毒气吸入体内 ◎ 在逃离火场时不可直立,应猫腰或在地面上爬行。因为烟一般飘浮在空气上方,接近地面处烟气稀薄,对人体威胁较小
从窗户逃离	◎ 如大火封门,在一楼的住户可以选择从窗户逃离。如楼层不高,可将绳子、床单等系在一起,从窗户滑下;楼层较高时切忌从窗口往下跳,因为若从较高的楼层跳下,非死即伤 ◎ 高层着火,千万不能选择乘坐电梯撤离

五、个人安全

家务服务人员在工作时面临着一定的个人安全风险,但可以通过采取相应的防护措施来降低这些风险,具体内容见表1-4。

表1-4 个人安全风险及防护措施

安全风险	具体内容	防护措施
烧烫伤	在工作中常需接触到高温和热源,如炒锅、蒸锅、蒸汽熨斗等,若防护不当,可能会发生烧伤或烫伤事故	在接触高温和热源时,可以通过戴手套、穿长袖衣服等来保护皮肤

续表

安全风险	具体内容	防护措施
切割伤	在切配食材时,可能会因为刀具使用不当或者食材处理不妥而导致切割伤。特别是在使用比较锋利的刀具或者处理冷冻食材时,更容易发生此类事故	在切配食材时,应该正确使用刀具,避免使用不合适的刀具,且不应将刀具放在容易发生事故的地方
跌倒	在清洁工作中,可能会因为地面湿滑、操作过快或者工作疲劳等原因导致跌倒	经常清理地面并保持干燥,以免因地面湿滑而跌倒
接触有害物质	在清洁衣物、家具或处理食材时,可能会接触到一些化学制剂或细菌。如果没有采用正确的防护措施或使用不当,可能会对皮肤或身体健康产生不良影响	在清洁或处理食材时,应该正确使用化学制剂和消毒液,或戴手套,避免直接接触皮肤或使用过量

学习单元二 卫生常识

一、饮食卫生常识

家务服务人员要注意严把食品采买、加工、食用与储藏各环节卫生,以避免食品卫生事故的发生,具体要求见表 1-5。

表 1-5 各环节的卫生要求

环节	子项	卫生要求
采买环节	食材外观	◎ 食材应当外观整洁,无霉斑、变质、腐烂等现象 ◎ 蔬菜和水果不应有明显的虫蛀或虫卵
	食材质量	◎ 不购买病死、毒死或者死因不明的禽、畜、水产动物及制品
	包装和标签	◎ 检查食材包装是否完好,是否存在破损或泄漏 ◎ 标签应清晰显示食材的名称、生产日期、保质期等信息
加工环节	初加工卫生要求	◎ 肉类加工要摘除有害腺体,洗净肉上的血、毛;内脏和肉分开清洗,分容器盛放,以免串味;冷冻肉应自然解冻
		◎ 水产品加工要刮鳞、去鳃、去内脏,已死去的黄鳝、甲鱼、河蟹、乌龟、贝壳等及一些有毒鱼的内脏应坚决剔除
		◎ 蔬菜加工要择去黄叶,去除泥沙杂物和不可食用的部分,并反复清洗;清洗后的蔬菜不应放置过夜

续表

环节	子项	卫生要求
加工环节	烹调过程卫生要求	◎ 灶台面应经常洗刷，做到无油垢、无积灰、无食物残渣，抽油烟机不滴油，烹饪结束后应做好清洁工作
		◎ 调料应妥善保存，用后及时加盖，不使用发霉、生虫、过期的调料
		◎ 饭菜一定要烧熟煮透，整只鸡、鸭和大块肉等食品的中心温度要达到 80 ℃以上，并注意翻动
		◎ 烘烤食品时应避免明火和食品直接接触，烟熏食品应揩去附在食品表面的烟油，减少有害物质的含量
		◎ 注意操作卫生，生熟分开并标记，防止交叉污染
食用环节	卫生习惯	◎ 在进食前，务必用肥皂和流动水洗手，减少"病从口入"的机会
		◎ 不随意购买、食用街头小摊贩出售的劣质饮品和食品
	食用要求	◎ 生吃的瓜果要洗净
		◎ 不随便吃野菜、野果，避免中毒
		◎ 不吃腐烂变质的食物，以免造成食物中毒
		◎ 不喝生水，最好是喝开水
储藏环节	储藏环境	◎ 储藏食物的环境应保持干净整洁，避免积尘、杂物等污染食品
		◎ 储藏区域应定期清洁和消毒，以防细菌滋生和传播
		◎ 粮食要放在通风、干燥处，防止霉变生虫
	温度控制	◎ 生鲜食材应储存在适宜的温度范围内，冷藏或冷冻
		◎ 冷冻食品冷链不可中断，避免食品变质和细菌滋生
	分类储藏	◎ 将不同种类的食品分类储藏，避免交叉污染，尤其是将生食和熟食分开储藏
		◎ 厨房中的器皿、刀具、砧板、抹布等一定要生熟分开，严格消毒
	清洗消毒	◎ 餐具器皿使用后，要清洗、消毒、晾干，并妥善放置
		◎ 灶具、炊具等应定期清洁、消毒

续表

环节	子项	卫生要求
储藏环节	定期检查	◎ 定期检查储藏的食品，排查过期食品、变质食品或有异常的食品
		◎ 经常清洁整理冰箱、冰柜，将食物密闭包装后放入冰箱保存，时间不要过长
	防虫害	◎ 消灭各种传播疾病的载体，如苍蝇、老鼠、蟑螂等

二、个人卫生常识

1. 日常个人卫生清洁（见表1-6）

表1-6 家务服务人员日常个人卫生清洁要求

卫生项目	具体要求
口腔	◎ 及时漱口，清除口腔内的残留物，还可通过刷牙或使用牙线等工具，清除卡在牙缝间的纤维，保持口腔卫生
	◎ 养成早晚刷牙的习惯，去除口腔异味，保持口气清新
双手	◎ 做好手部的清洁卫生，饭前便后均应洗手
	◎ 做饭、触摸食品、接触婴幼儿前要洗手
	◎ 洗手时应按照手腕、手掌、手背、指甲、指甲缝等处顺序，用肥皂或香皂进行反复搓洗，必要时可用刷子刷洗。指甲缝容易藏有污垢，应重点清洗
	◎ 不留长指甲，不涂抹指甲油，每周应剪指甲1~2次
双脚	◎ 每日坚持用温热水洗脚20分钟，保持双足卫生清洁、无异味
	◎ 泡脚过程中可以用磨砂石或磨砂膏去除脚底死皮，清洁脚趾缝中的污物
	◎ 一周修剪一次趾甲

续表

卫生项目	具体要求
头发	◎ 每周至少清洗头发2次 ◎ 不宜留长发，以免影响工作和卫生；头发应梳理整齐，不能披头散发 ◎ 做饭时戴上帽子或头巾，避免头发或头屑掉进饭菜
会阴	◎ 准备好自己的专用清洗盆和清洗用具，清洗用具使用前要清洗干净，毛巾使用完后要晒干或在通风处晾干，避免细菌滋生 ◎ 每日用温水清洗会阴，去除异味
经期	◎ 保持下体卫生，选用合体、卫生的卫生巾、卫生裤等 ◎ 月经高潮期应勤换卫生巾，每天用温水擦洗下身1~2次

2. 着装及化妆卫生要求（见表1-7）

表1-7 家务服务人员着装和化妆卫生要求

卫生项目	具体要求
着装	◎ 根据服务地习俗，结合个人习惯着装。着装必须整洁，不能衣不系扣或衣服褶皱太多 ◎ 经常更换和清洗内外衣，夏季衣物和袜子应每天清洗，做到清洁无异味 ◎ 若雇主家中有客人来访，应换上整洁美观的服装 ◎ 过于紧身、单薄、暴露的服装不能穿，更不能只穿内衣裤在雇主家中走动 ◎ 穿拖鞋时要穿上袜子，不能光着脚或露出脚趾
化妆要求	◎ 每日清洗面部皮肤，根据自己的皮肤类型选择护肤品 ◎ 工作时间最好不要化妆，需要化妆时要注意自然淡雅，不要浓妆艳抹

三、环境卫生常识

1. 家庭环境卫生

干净、整洁的家庭环境不仅可以减少细菌和病毒的滋生,还可以提高居住的舒适度,使居住人员感到更加愉悦和满足。

> 居室内应保持环境的干净整洁,通风良好。卧具要勤洗晒,灶具、炊具、餐具要勤清洗、消毒。勤扔垃圾,做到居室内无苍蝇、蚊子、老鼠、蟑螂等。

2. 居室环境卫生要求

通风要求

勤开窗通风,每日至少2~3次,保持空气流通。

照明要求

使用安全、照度足够、光源固定、不耀眼、光谱接近日光的灯具,悬挂距离要适当,并配置必要的灯罩。

环境绿化

在家中摆放绿植,以吸收二氧化碳、二氧化硫,释放氧气,吸附和阻留灰尘。

3. 蚊虫、鼠害的管控（见表1-8）

表1-8 蚊虫、鼠害的管控

类型	危害描述	管控措施
鼠	◎ 传播鼠疫、流行性出血热、钩端螺旋体病、恙虫病等 ◎ 盗窃粮食、咬坏衣物、电线，引起停电、火灾等事故	◎ 利用鼠笼、鼠夹、药物等工具抓鼠，做到见鼠就灭
蚊虫	◎ 传播乙型脑炎、疟疾、丝虫病、登革热等	◎ 积极整治环境，清除小型积水，控制蚊虫滋生地 ◎ 对成蚊可用烟熏、喷洒药物、拍打等方法杀灭 ◎ 居室内可用纱门、纱窗及蚊帐防蚊
苍蝇	◎ 传播霍乱、伤寒、痢疾、肝炎等	◎ 彻底整治居室环境，清除垃圾，控制苍蝇滋生地 ◎ 使用捕蝇笼、黏蝇纸，或通过药物喷洒快速灭蝇
蟑螂	◎ 携带寄生虫卵、肝炎病毒、伤寒杆菌等	◎ 整治环境，喷洒药物，施放毒饵，黏捕，诱捕等

小贴士

跳蚤会寄生在动物身上，宠物猫、狗很容易成为跳蚤的宿主。防止宠物感染跳蚤，可以采取以下措施：保持宠物的生活环境清洁，定期清理猫砂、狗便盆、宠物的床铺等；保持宠物体外卫生，用灭蚤药液给宠物洗澡，并确保宠物的毛发干燥，以防止跳蚤寄生。

4.垃圾分类

（1）垃圾分类基础知识

常见的生活垃圾可分为可回收物、厨余垃圾、有害垃圾及其他垃圾4种。

可回收物　　　厨余垃圾　　　有害垃圾　　　其他垃圾

1）可回收物。可回收物主要可分为5个小类。

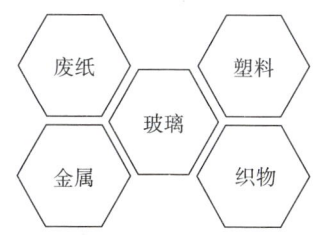

● 废纸：报纸、期刊、图书、信封、各种包装纸等。

● 塑料：塑料袋、塑料牙刷、塑料衣架、塑料杯子、塑料瓶、食用油桶等。

● 玻璃：玻璃瓶、碎玻璃片、镜子、暖瓶、调味瓶等。

● 金属：易拉罐、罐头盒、菜刀、铁钉等。

● 织物：废弃衣服、桌布、洗脸巾、书包、鞋等。

2）厨余垃圾。厨余垃圾主要包括剩饭菜、动物内脏、小骨头、菜根、菜叶、果核、果皮等食品类废物。

3）有害垃圾。有害垃圾主要是指含有对人体健康有害的重金属、有毒物质，或者能够对环境造成现实或潜在危害的废弃物。常见的有害垃圾包括各种电池、荧光灯管、灯泡、水银温度计、油漆桶、过期药品、过期化妆品等。

4）其他垃圾。其他垃圾包括除上述几类垃圾之外的，难以回收的废弃物，如厕纸、湿纸巾、尿不湿、砖瓦陶瓷、渣土等。

（2）分类投放垃圾

投放垃圾时，应注意遵守生活垃圾分类投放的规则，并按照正确的投放流程，分类进行垃圾投放。

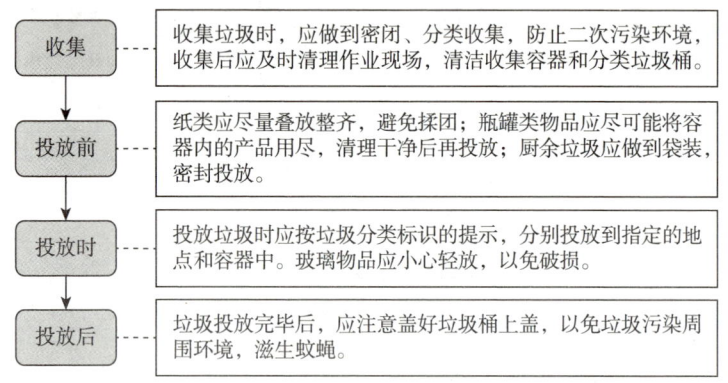

模块 二
制作家庭餐

学习单元一　烹饪原料选购与初加工

一、原料选购

1. 植物性烹饪原料选购要点

（1）常见谷类原料选购要点

籼米

糯米

选购要点

以整齐、饱满、干燥、有光泽者为佳。

面粉

选购要点

以色白，杂质少，面筋含量高，含水量少，且新鲜度高，无腐败味、苦味、霉味者为佳。

玉米

选购要点

以硬粒形的品质为最好，其籽粒小，坚硬饱满，表面不皱缩，有光泽。

荞麦

选购要点

以粒形完整、杂质较少、色泽正常、无异味者为佳。

（2）常见豆类原料选购要点

大豆

选购要点

以粒大饱满、无霉变、无虫蛀者为佳。

绿豆

选购要点

以颗粒饱满、色绿而有光泽、无虫蛀的当年产绿豆为佳。皮微白的是当年的新豆，皮微黄的是隔年的陈豆。

红豆

选购要点

以身干粒大、颗粒饱满、皮薄、色赤红、有光泽、无霉变、无虫蛀者为佳。

豌豆

选购要点

以身干粒大、颗粒饱满、皮色呈黄白、无斑点、无霉变、无出芽者为佳。

蚕豆

选购要点

以色绿、颗粒肥大饱满、无虫蛀、无损伤者为佳。

（3）常见蔬菜类原料选购要点

叶类蔬菜

以色绿、质嫩，无黄叶、烂叶，无病虫害和机械损伤者为佳。

茎类蔬菜

以质地脆嫩、清香可口、无霉烂、无病虫害者为佳。

根类蔬菜

以质地坚实、无斑点、颜色鲜艳、无裂缝者为佳。

瓜类蔬菜

以长短适中、粗细适度、皮薄肉厚、籽瓤少、质脆嫩、味清香者为佳。

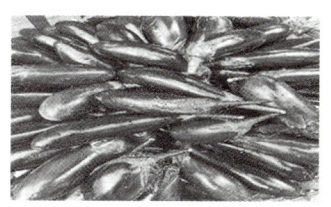

茄果类蔬菜

以肉厚、体完整、有光泽、老嫩适度、无外伤、无裂口者为佳。

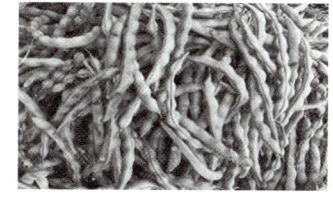

豆类蔬菜

以身干粒大、颗粒饱满、有光泽、老嫩适度、无斑点、无病虫害者为佳。

花类蔬菜

以质地脆嫩、外形饱满、有光泽、无病伤、无腐烂、无虫伤者为佳。

（4）常见食用菌类原料选购要点

香菇

以大小均匀、干燥、香味浓、菇肉厚、外表有花纹和白霜者为佳。

平菇

以色白、结构完整、表面有裂口、肉厚质嫩者为佳。

金针菇

以根条完整、粗细均匀、整齐干净者为佳。

蘑菇

以菇形完整、菌伞不开、结实肥厚、质地干爽、有菇香味者为佳。

草菇

以菇体粗壮均匀、质嫩肉厚、菌伞未开、菇香且无异味者为佳。

木耳

以朵面乌黑光润、朵背略呈灰白色、朵大均匀者为佳。

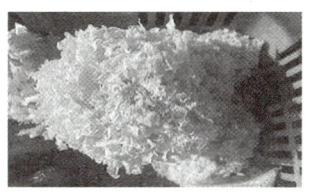
银耳
以色泽黄白、朵大肉厚、气味清香者为佳。

口蘑
以个体均匀、肉质厚、菌伞边缘完整紧卷、菌柄短壮者为佳。

猴头蘑
以形完整、色金黄、身干及茸毛全者为佳。

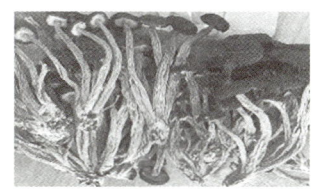
茶树菇
以粗细均匀、大小一致、气味清香、干净无杂质、柄质脆嫩者为佳。

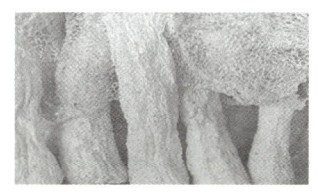
竹荪
以身干体厚、色泽鲜明、形完整、质软、洁白干净、有浓郁香味者为佳。

（5）常见食用藻类原料选购要点

紫菜

选购要点

以表面有光泽、呈紫色或紫褐色、片薄均匀、质嫩体轻、有紫菜特殊香气、无泥沙杂质者为佳。

海带

选购要点

以体大、尖端及边缘无白烂和黄化及其他附着物者为佳。

裙带菜

选购要点

以身干盐轻、颜色碧绿、少黄叶、味清香者为佳。

2. 动物性烹饪原料选购要点

动物性烹饪原料包括家禽、家畜肉类等,此类原料中含有丰富的营养成分,特别是脂肪、蛋白质、肌纤维、微量元素等,其选购要点见表 2-1。

表 2-1 家禽、家畜肉类选购要点

新鲜度	具体特征				
	气味	弹性	黏度	色泽	骨髓状况
新鲜	具有每种家禽、家畜特有的气味	切断面肉质紧密,富有弹性,指压后的凹陷处能立即恢复	外表微干或有风干膜,微湿润,不粘手,肉液汁透明	肌肉有光泽、色淡红均匀,脂肪洁白	骨腔内充满骨髓,呈长条状,稍有弹性,较硬,色黄,在骨头折断处可见骨髓的光泽

续表

新鲜度	具体特征				
	气味	弹性	黏度	色泽	骨髓状况
不新鲜	有酸的气味或腐臭味	切断面肉质比新鲜肉柔软，弹性小，指压后的凹陷处恢复慢，且不能完全恢复	外表有一层风干的暗灰色膜，或表面潮湿，肉液汁混浊并有黏液	肌肉色较暗，脂肪呈灰色，无光泽	骨髓与骨腔间有小的空隙，较软，颜色较暗，呈灰色或白色
腐败	有刺鼻的腐臭味，且臭气已达到较深的肉层	肉质松软而无弹性，指压后凹陷处不能复原	表面非常干燥且变黑，或很湿、很黏，切断面呈暗灰色	肌肉变黑或呈淡绿色，脂肪表面有污秽和霉菌，或呈现淡绿色，无光泽	骨髓与骨腔间有较大的空隙，骨髓变形、软烂，有的被细菌破坏

3. 水产类烹饪原料选购要点

水产类烹饪原料种类繁多，大多富含蛋白质，脂肪含量较低，且含有多种维生素和无机盐，具有较高的营养价值，具体选购要点如下。

鱼类

以体态完整，体表光滑、整洁，肌肉有弹性，无病斑、无鱼鳞脱落、无伤痕、无污染，体表有光泽者为佳。

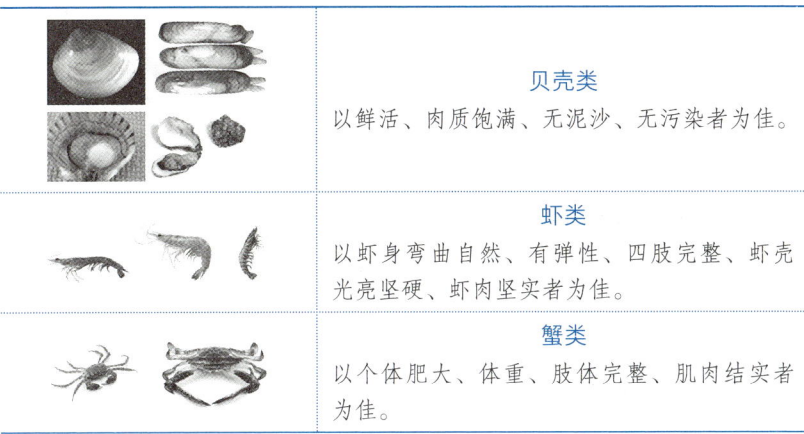

	贝壳类 以鲜活、肉质饱满、无泥沙、无污染者为佳。
	虾类 以虾身弯曲自然、有弹性、四肢完整、虾壳光亮坚硬、虾肉坚实者为佳。
	蟹类 以个体肥大、体重、肢体完整、肌肉结实者为佳。

二、蔬菜初加工

1. 叶类蔬菜初加工

叶类蔬菜是指以新鲜肥嫩的叶片和叶柄作为食用部位的蔬菜。常见的叶类蔬菜有生菜、卷心菜、白菜、菠菜等。这些蔬菜在清洗前要先挑选、择菜，再清洗。

清洗叶类蔬菜通常有冷水清洗、盐水浸泡清洗及专用蔬果洗洁精清洗3种方式。

冷水清洗	程序：将经过挑选、择菜的蔬菜放入清水中浸泡片刻，再用清水反复清洗，洗净菜叶中的泥土。 适用：大多数无污染的蔬菜。

盐水浸泡清洗	程序：将经过挑选、择菜的蔬菜放入2%的食盐溶液中浸泡5分钟，使附着在菜叶上的虫卵脱落，再用清水反复清洗干净。 适用：叶片或叶柄上有虫卵的蔬菜。

专用蔬果洗洁精清洗	程序：准备一盆清水，根据使用说明加入适量的专用蔬果洗洁精，然后将择选好的蔬菜放入盆中浸泡片刻，再用清水反复洗去蔬菜上的农药残余。 适用：用于凉拌生食的蔬菜。

2. 茎类蔬菜初加工

茎类蔬菜是指以肥大的植物变态茎为食用部位的蔬菜，如莴笋、莲藕、土豆、冬笋、葱、姜、蒜等。

（1）带皮原料

常见原料：莴笋、莲藕、土豆等。
操作程序：用削皮刀将外皮削去，去除表面残留的污垢和泥土，然后用清水洗净即可。
操作技巧：大多数茎类蔬菜含有鞣酸，在削皮的过程中与铁器刀面接触容易氧化，出现锈斑色，因此洗净后如不立即使用，应将其浸泡在凉水中待用。

（2）带壳原料

常见原料：冬笋、茭白等。
操作程序：将原料的外壳剥去，再将硬皮、老根等不需要的部分削掉，清洗干净污垢、泥沙等杂质即可。
操作技巧：鲜冬笋需要用水煮透，去掉体内所含的鞣酸，以免食用时感到明显的涩味。

（3）调味料

常见原料：葱、姜、蒜等。
操作程序：1）初加工葱需要先剥去葱的外皮，将葱的老根切掉，再对葱进行清洗。
2）初加工姜需要先使用刀或削皮器等工具将姜的外皮去掉，再用清水将姜清洗干净。
3）初加工蒜也需要先剥去外皮，再用清水洗净。
操作技巧：1）姜刮皮之前，为了方便处理，可以将姜放在水中浸泡一会儿，然后用手轻轻揉搓掉表面的泥土。
2）蒜在剥外皮时，为了方便处理，可以将蒜头放于清水中浸泡一会儿，这样蒜皮吸水松软以后更容易剥去。

3. 根类蔬菜初加工

常见原料：萝卜、胡萝卜等。
操作程序：先将它们的头部和尾部切去，再用刀或削皮器等工具将外皮去掉，最后用清水洗净。
操作技巧：萝卜有较明显的辛辣味，可以将萝卜放入沸水中焯一下，捞起沥干水再下锅烹煮，这样可去除萝卜的辛辣味。

4. 瓜类蔬菜初加工

常见原料：黄瓜、南瓜、西葫芦、冬瓜、丝瓜、苦瓜等。

操作程序：（1）去瓤类的瓜类蔬菜，如冬瓜、南瓜、苦瓜等，需要先削去外皮，然后剖开成两半，挖去瓜瓤，最后用清水洗净。

（2）不去瓤的瓜类蔬菜，如西葫芦、丝瓜、黄瓜等，只需将外皮削去，然后洗净即可，不需要挖去瓜瓤。

操作技巧：苦瓜的内壁有一层苦味较重的白色内膜，如果不喜欢苦味的，可以将其刮干净。苦瓜切好后撒上少许盐，腌制一会儿，再用清水洗净，可以减轻苦味。

5. 茄果类蔬菜初加工

常见原料：茄子、番茄（西红柿）、辣椒等。
操作程序：初加工茄子、番茄（西红柿）、辣椒等通常只需去蒂，然后洗净即可。
操作技巧：（1）茄子切开后会因为氧化而变黑，如果不马上进行烹饪的话，可以先将其用淡盐水浸泡，避免变黑，影响菜品美观。
（2）在制作有些用到番茄的菜品时，需要先去掉番茄皮。这时可以将番茄放在开水中浸泡10分钟，取出后便能轻松剥去外皮。

6. 豆类蔬菜初加工

常见原料：菜豆（四季豆）、豇豆（长豆角）、豌豆、毛豆、蚕豆、扁豆、刀豆等。
操作程序：（1）可全部食用的豆类蔬菜，如荷兰豆、扁豆、豇豆等，在初加工时需要掐去蒂和顶尖，再择去两侧的筋，然后洗净即可。
（2）食籽粒的豆类蔬菜，如蚕豆、毛豆、豌豆等，初加工时需要先剥去外壳，将籽粒取出洗净，然后放入开水锅中煮透，再进行后续的烹饪。
操作技巧：如果在初加工时发现豆类的外壳上有虫洞，要将此处掰开查看其中是否有虫及虫卵，且将其清除干净。

7. 花类蔬菜初加工

常见原料：黄花菜、花菜、西蓝花等。
操作程序：（1）初加工黄花菜需要先将蒂和花心去除，清洗干净，然后焯一遍水，捞出放入凉水中浸透或直接晒干备用。
（2）初加工花菜和西蓝花，需要先用小刀或剪刀将其分割成小朵，然后放入清水中洗净，沥干水分备用。
操作技巧：新鲜黄花菜含有一定的毒性，成年人如果一次食用100克以上的鲜黄花菜可能引发中毒症状，因此需要先焯水，去除有毒性的成分后再烹饪食用。

> **小贴士**
>
> ※ 初加工时，需要将无法食用的枯叶、老叶、老帮和老根等部分清除干净，并且应尽可能保存可食用的部分，以确保菜肴的质量不受影响。
> ※ 在处理蔬菜时，需要特别注意清除其中的杂草、泥沙等污物，以及附着在蔬菜表面的虫卵。洗涤过程应该符合饮食卫生的要求。
> ※ 尽量避免将蔬菜先切后洗，因为切割处会流失较多的营养成分，同时也会增加蔬菜被污染的风险。可先将蔬菜浸泡一段时间，然后再进行清洗和切割。

三、肉类初加工

1. 肉类食材的特点

每一种肉类食材都有其独特的口感和营养价值，常见的肉类食材包括猪肉、牛肉、羊肉、鸡肉、鸭肉等。不同肉类食材的脂肪含量、肌肉纤维结构以及肉质鲜嫩程度等都各有不同。因此，在烹饪过程中，我们需要根据这些特点来选择合适的烹饪方法（见表2-2）。

表 2-2 各种肉类食材的特点

食材种类		食材特点	烹调菜品
猪肉	里脊	位于通脊下方，后腿之前，是猪肉中最细嫩的部分	鱼香肉丝、软炸里脊、宫保肉丁
	通脊	位于猪脊椎骨两侧，肉质细嫩，蛋白质及脂肪含量与猪里脊相近	炸猪排、制作肉卷
	猪蹄	皮、筋、骨较多，瘦肉较少，含胶质多	红烧猪蹄、猪蹄汤

续表

食材种类		食材特点	烹调菜品
猪肉	蹄髈	即肘子,前肘位于前蹄之上、夹心肉下方;后肘位于后蹄之上、后臀之下。蹄髈筋多、胶质多、瘦肉多	酱肘子、酸菜蹄髈
牛肉	里脊	肉质细嫩,几乎不含筋膜,富含蛋白质,脂肪含量较低	水煮牛肉片、黑椒牛柳
	牛上脑	肉质细嫩多汁,肥瘦交错,有好看的大理石花纹,脂肪含量适中。既能保持肉质的嫩滑,又不会过于油腻	清炖牛上脑、涮火锅、烧烤
	牛腩	肉质较为松软,口感鲜美,蛋白质含量较高,但脂肪含量也相对较高	红烧牛腩、清炖牛腩、土豆烧牛腩
	牛腱子	牛的前后腿肉,富含筋肉纤维,肉质相对较韧,脂肪含量较低	酱牛肉
羊肉	绵羊肉	肉质呈暗红色,肉纤维细而软,肌肉间夹有白色脂肪,脂肪硬且脆,蛋白质含量高,脂肪含量低	涮羊肉、制作肉馅
	山羊肉	肉色比绵羊肉淡,有皮下脂肪,肉有膻味,蛋白质含量高,脂肪含量低	炖羊肉、烧烤
禽肉		指鸡、鸭、鹅、鸽子等,肉质细嫩,味道鲜美,富含蛋白质,脂肪含量低	黄焖鸡、啤酒鸭、炖汤、烧烤

2. 肉类的初加工方法

（1）宰杀、出肉

家庭中常用的肉类食材一般都已经完成了宰杀和出肉流程,家务服务人员只需掌握分辨新鲜食材的技能,懂得选购即可。

（2）拆拣、洗涤

肉类食材选购回来后，必须将其彻底清洗干净。特别是对于禽类原料来说，腹腔及口腔、气管等部位容易藏污纳垢，在清洗肠、肚类原料时，要将肠、肚外翻清洗后，再用少许盐、醋、酒反复揉搓，最后清洗干净。对于鸡肠、鸭肠等，还需要用剪刀将其直接剪开、清洗干净后，再用盐、醋搓洗，以去除肠、肚的难闻气味。

四、水产品初加工

1. 常见水产品分类（见表2-3）

表2-3 常见水产品分类

种类	子类	具体产品
淡水类	鱼类	鲫鱼、鲢鱼等
	虾类	河虾等
	蟹类	石蟹、大闸蟹等
	贝壳类	河蚌、螺类等
海水类	鱼类	黄鱼、带鱼、鲳鱼等
	虾类	基围虾、斑节虾等
	蟹类	梭子蟹、帝王蟹等
	贝壳类	牡蛎、海螺、鲍鱼等
	海藻类	海带、紫菜等
	软体类	海蜇、海参等

2. 水产品初加工方法

（1）鱼类

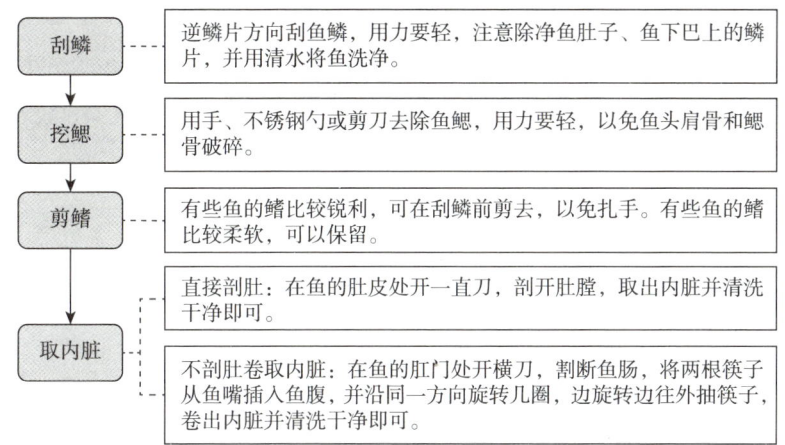

注意事项

在取鱼的内脏时要注意不要弄破鱼胆，否则鱼肉会发苦，影响口感。

（2）虾类

1）炒虾仁。剪掉虾头，虾尾，剥去硬壳，剔除虾线，用清水将虾仁冲洗干净。

2）水煮或焖烧大虾。剪掉虾枪、爪须，剔除虾线，用清水冲洗干净。

> **小贴士**
> ※ 生食水产品可能会感染寄生虫导致腹痛或过敏，所以无论是淡水类还是海水类水产品都最好熟食。
> ※ 海鲜虽然美味，但也要注意适量食用。过量食用海鲜可能导致消化不良、嘌呤过高等问题。
> ※ 部分人在食用海鲜后可能会出现过敏反应，如皮疹、呼吸困难等。

五、食物原料保鲜、冷冻和解冻

1. 食物原料的保鲜

采购回的食物原料若不立即使用，需要采取一些保鲜措施，以确保食物原料的品质和饮食的卫生安全。食物原料种类不同，其保鲜方法也各不相同（见表2-4）。

表2-4 不同食物原料的保鲜方法

类型	食物原料	保鲜方法
蔬菜类	白菜、菠菜、生菜、青菜等	装入保鲜袋，再放入冰箱冷藏室保存
	菌类	装入保鲜袋，并在保鲜袋上扎几个孔透气，放入冰箱冷藏室保存，食用前再取出清洗
	芹菜、香菜等	茎、叶部分用保鲜膜包裹好，然后将根部放入清水中
	韭菜	用皮筋或细绳捆好，再将根部放入有少量水的容器中

续表

类型	食物原料	保鲜方法
蔬菜类	西红柿	装入保鲜袋，放入冰箱冷藏室保存即可，食用前再清洗
	青、红辣椒	保存前不沾水，擦干辣椒表皮原有的水分，用保鲜袋装好，放入冰箱冷藏室保存
	萝卜、山药、地瓜等	将表面的泥土洗净，擦干水分后，用保鲜袋包好放入冰箱冷藏室保存
	土豆	用干燥的纸箱或透气的容器装好，放在避免阳光直射且通风的地方保存，避免发芽或变绿
	葱、姜、蒜	用网兜装好，挂在干燥、阴凉、通风的地方保存
	瓜类蔬菜	对于已经切开的瓜类蔬菜，如冬瓜、南瓜等，应挖掉瓜瓤，擦干表面水分，用保鲜袋或保鲜膜封装好，放入冰箱冷藏室保存；没有切开的，如丝瓜、西葫芦等，擦干表面水分，直接装入保鲜袋，放在冰箱冷藏室保存
水果类	苹果、梨、桃	用保鲜袋装好，放入冰箱冷藏室可保存3～4天
	香蕉、荔枝、芒果等热带水果	香蕉、荔枝、芒果等热带水果对低温的适应性差，应放在常温且避光、阴凉的地方保存，并尽快食用完
肉类	新鲜肉类	当天或第二天就吃的肉类，用保鲜膜密封好，存放在冰箱冷藏室；超过两天才食用的肉类，应冷冻保存
水产品	已宰杀的水产品	已宰杀处理完的水产品，清洗过后，用保鲜膜盖好，放在冰箱冷藏室暂存，当天食用
	鲜活的水产品	淡水水产品放入干净的常温水中，海水水产品需要放在加入少许盐的水中

> **小贴士**
>
> ※ 蔬菜水分流失比较快,最好能当天购买当天吃完,避免长时间放在冰箱里。
> ※ 肉类虽然可以冷藏保鲜,但时间也不宜过长,否则也会变质,超过两天才需要食用的,应尽早冷冻。
> ※ 馒头、包子等面食放在冰箱里会加快变干变硬,如果当天吃不完的,应放入冷冻室。

2. 食物原料的冷冻

食物原料冷冻是一种常见的保存方法,它通过将食物保存在 0 ℃以下的低温环境下,延长食物的保质期。不同的食物需要选择不同的冷冻方法(见表2-5)。

表2-5 不同食物的冷冻方法

食物类型	食物名	冷冻方法
主食类	饺子、馄饨	制作好后,码到平盘中,放到冰箱冷冻室里,待冻硬之后用保鲜袋装好放入冰箱冷冻室保存;也可以装入饺子盒,放到冰箱冷冻室保存
	馒头、包子	蒸熟,待放凉后,装入保鲜袋,冷冻保存
肉、禽类	畜肉、整只禽类	肉、禽类买回来先按每日所需的量分割成小份,方便取用,然后分别装入保鲜袋密封,放入冰箱冷冻室保存
蔬菜类	豆类蔬菜	蚕豆、豌豆、毛豆等可以将籽从壳里面剥出来,清洗并控干水分后装入保鲜袋,再放入冰箱冷冻室保存
	花类蔬菜	西蓝花、花菜等先切割成小朵,清洗并控干水分,装入保鲜袋,再放入冰箱冷冻室保存

续表

食物类型	食物名	冷冻方法
调料类	葱、姜、蒜	洗净切好,用分装盒装好放在冰箱冷冻室保存,需要时直接取出使用
熟食	腊肠、卤肉等	密封好后直接冷冻保存

小贴士

※ 叶类蔬菜不宜冷冻,可按照保鲜方法,在冰箱冷藏室短时间保存。

※ 确保冰箱冷冻室的温度保持在零下 18 ℃或更低,这样可以有效地阻止细菌和微生物的生长,从而延长食品的保质期。

※ 冷冻食品的储存时间最好不超过 3 个月,否则无法确保其食用品质。

※ 在包装上标记食品的名称和冷冻日期,这样可以方便辨识食品的种类和保质期。在冷冻食品时遵循先进先出的原则,较早冷冻的食品先食用。

3. 食物原料的解冻

食物原料解冻的目的是使食品温度回升到必要的范围。正确的解冻方式可以保证食物的质量和口感,常见食物原料解冻方法见表 2-6。

表 2-6 常见食物原料解冻方法

方法	具体操作	特点
空气解冻	将食物原料放冰箱冷藏室或直接放在空气中解冻	食物原料的营养流失相对较少,但解冻时间长

续表

方法	具体操作	特点
流水解冻	将食物原料放在静止或流动的水中解冻	解冻速度较快，但食物原料表面易吸水，导致营养成分流失严重
微波解冻	将食物原料放入微波炉中解冻	解冻速度快，受热均匀，营养成分损失较少，但注意不要过度加热
加热解冻	将食物原料用水蒸气加热	解冻时间短，营养成分流失少，但可能会影响食物原料口感

> **小贴士**
>
> ※ 冷冻的需切割的生的食物原料，不需要完全解冻，能用刀切开即可，这样更方便切割。
>
> ※ 冷冻过的食物原料在解冻后需要立刻烹饪食用，不能再次进行冷冻及解冻。
>
> ※ 根据食物原料的大小和类型，严格控制解冻时间，避免解冻时间过长。解冻时间越长，滋生细菌的可能性就越大。

学习单元二　家庭烹调刀工技术

一、刀工技术

1. 刀法分类

（1）直刀法

1）切刀法

操作要点	◎ 一只手按稳原料，根据每刀对原料厚薄、长短、形状等的要求，不断后移。 ◎ 另一只手握刀，刀与原料保持垂直，刀刃平齐，刀距相等，切入原料的深度相等。
成形情况	◎ 块、丁、丝、片。

2）劈刀法

操作要点	◎ 使用劈刀法时应快速、用力且确保下刀垂直。若刀口偏斜，下刀不直，不仅会影响原料的整齐、美观，而且容易切落菜板上的木屑，使木屑混入原料，影响质量。
成形情况	◎ 块。

3）剁刀法

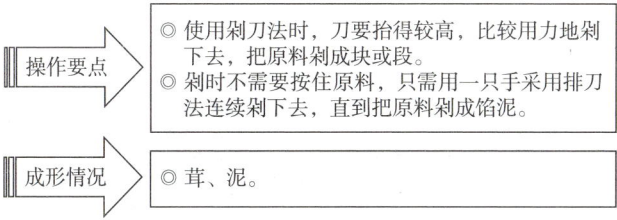

操作要点
◎ 使用剁刀法时，刀要抬得较高，比较用力地剁下去，把原料剁成块或段。
◎ 剁时不需要按住原料，只需用一只手采用排刀法连续剁下去，直到把原料剁成馅泥。

成形情况
◎ 茸、泥。

（2）平刀法

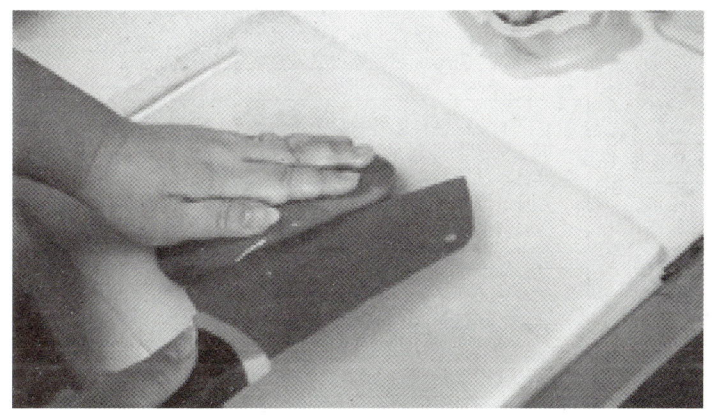

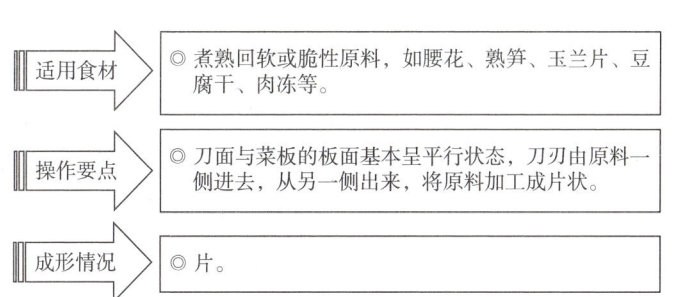

适用食材
◎ 煮熟回软或脆性原料，如腰花、熟笋、玉兰片、豆腐干、肉冻等。

操作要点
◎ 刀面与菜板的板面基本呈平行状态，刀刃由原料一侧进去，从另一侧出来，将原料加工成片状。

成形情况
◎ 片。

（3）斜刀法

操作要点	◎ 一只手按稳原料，另一只手持刀，刀面与菜板板面成小于45°的角，刀刃与原料呈斜角，将原料加工成片状。 ◎ 刀要紧贴原料，避免原料被粘走或产生滑动。 ◎ 刀身的倾斜度要根据原料的特点灵活调整，每片一刀，刀与按住原料的手同时移动一次，并保持刀距相等。
成形情况	◎ 片。

2. 刀法运用

（1）切片

1）月牙片

| 适用食材 | ◎ 圆柱形、球形的原料，如藕、黄瓜、土豆、青笋等。 |

| 操作要点 | ◎ 先将整体原料纵向切成两半，然后分别顶刀切成片。
◎ 片形为直径约2厘米、厚约0.2厘米的月牙片或半圆片。 |

2）菱形片

| 适用食材 | ◎ 柱形原料如黄瓜、胡萝卜等可直接加工；非柱形原料可先加工成柱形再切片。 |

| 操作要点 | ◎ 将柱形原料切成厚0.2厘米左右的薄片。
◎ 一般片的长对角线为2.5厘米左右，短对角线为1.5厘米左右。 |

3）夹刀片

 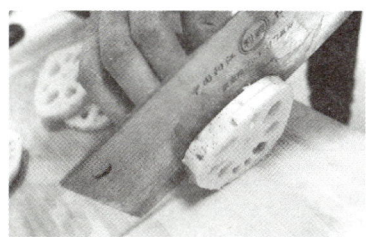

| 适用食材 | ◎ 动、植物原料，如鱼片、藕、萝卜、茄子等。 |

| 操作要点 | ◎ 先将大块食材修整齐，然后在食材的一端距边缘0.5厘米处切入一刀，但不切到底，距菜板0.3厘米处停止。
◎ 第二刀距离刚切入的刀痕0.5厘米，垂直切到底，即可切出像书页一样的夹刀片。 |

4）抹刀片

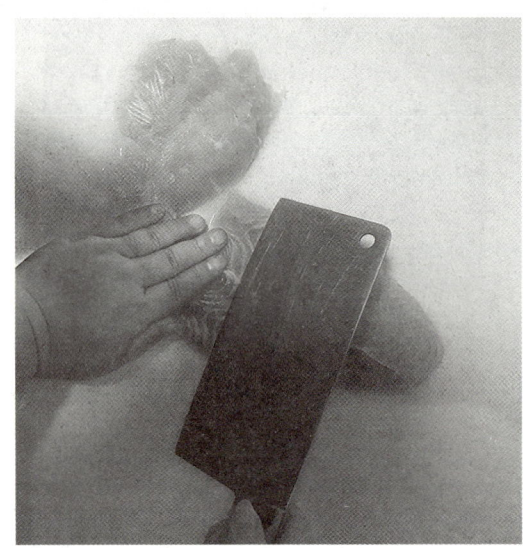

| 适用食材 | ◎ 鱼、肉等扁长形原料，如海参片、鱼片、熟肚片、腰子片等。 |

| 操作要点 | ◎ 把原料在菜板上放稳，使其不致移动，一只手按稳被压部位，与另一只手有节奏地配合，刀面与菜板板面成小于45°的角，一刀一刀地切片下去。
◎ 片的薄厚、大小及斜度主要依靠眼睛注视两手动作和落刀的部位来控制。 |

（2）切块

1）菱形块

适用食材	◎冬瓜、黄瓜等。
操作要点	◎将原料切成约1.5厘米厚的大块。 ◎切成长对角线约2.5厘米、短对角线约1.5厘米的菱形块。

2）方块

适用食材	◎ 冬瓜、豆腐、萝卜等。
操作要点	◎ 将原料切成2厘米厚的大块，再改切成2厘米宽的长条，最后改切成2厘米见方的块。 ◎ 块有两种：2厘米见方的为大块，1.5厘米见方的为小块。

3）长方块

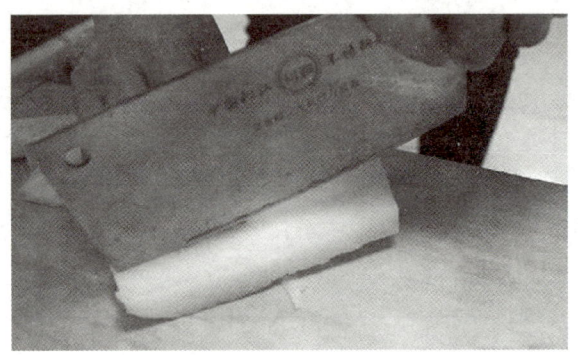

适用食材	◎ 萝卜、山药等。
操作要点	◎ 先将原料切成1厘米的厚片，再改切成1.5厘米宽的条，最后切成3厘米长的长方块。

4）排骨块

| 适用食材 | ◎ 茄子、土豆等。 |
| 操作要点 | ◎ 先将原料切成1厘米厚、3厘米宽的条，再切成6厘米长的排骨块。 |

5）滚刀块

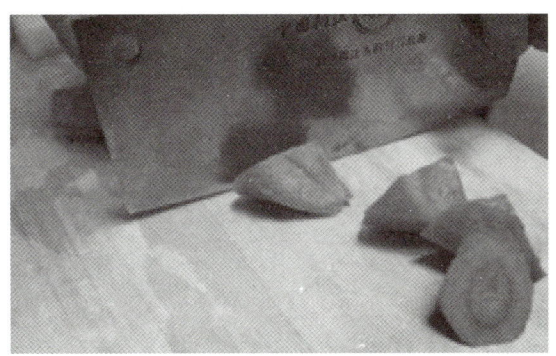

| 适用食材 | ◎ 胡萝卜、土豆等。 |
| 操作要点 | ◎ 刀与原料呈斜角，切一刀转动一下原料，切成长约2.5厘米的不规则多角形。 |

（3）切丁

适用食材	◎ 茄子、萝卜、冬瓜等。
操作要点	◎ 切丁的操作要点与切方块的操作要点基本一致，即先将整形后的原料切或片成0.8~1.5厘米厚的片，然后顺其长度切成0.8~1.5厘米宽的长条，再将长条顶刀切成0.8~1.5厘米见方，即成丁。 ◎ 丁分为大方丁（1.5厘米见方）、中方丁（1.2厘米见方）和小方丁（0.8厘米见方）。

（4）切段

1）大段

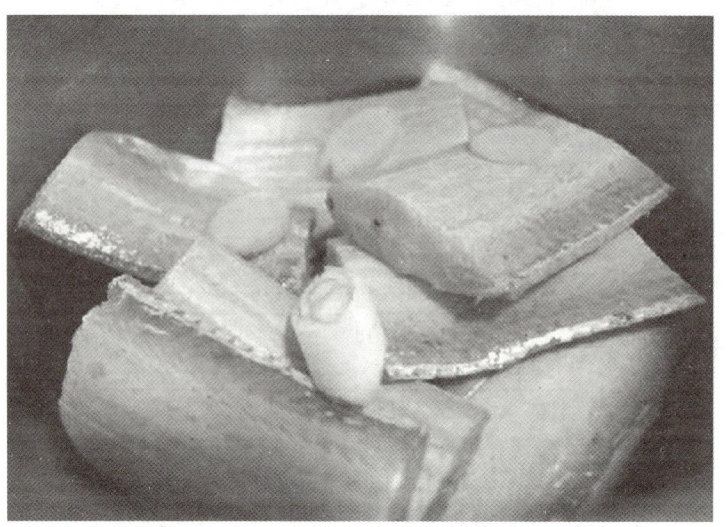

适用食材	◎ 动物性原料和带骨鱼类，如带鱼、青鱼、黄鳝等。
操作要点	◎ 段的大小、长短可根据原料的品种、烹调方法及食用要求而定，一般情况下大段的长度为10~12厘米。

2)小段

| 适用食材 | ◎ 植物性原料，如蒜苗、芹菜、蒜薹、香葱等。 |
| 操作要点 | ◎ 小段的长度一般情况下为6厘米左右。 |

二、菜板的使用和保养

家庭常用的菜板有实木菜板、塑料菜板和竹制菜板三种，其中实木菜板有柳木、橡木、银杏木等材质，以银杏木为最佳，其通透性好且木质细腻，不伤刀且不易起屑。

1. 菜板的使用

（1）在使用菜板时，不要固定在菜板的一个区域长期使用，要四周轮换使用，使菜板平面的磨损程度均衡。

（2）每次使用过后，用 50～60 ℃的热水冲洗菜板，洗完后竖放或挂起晾干，避免菜板湿润导致霉菌滋生。

2. 菜板的保养

（1）消毒

每天对菜板进行消毒，可以预防食物交叉污染，去除菜板的异味，同时控制细菌滋生，提升菜品的安全性。菜板的消毒方法有以下两种。

洗烫法
- 使用硬刷和清水刷洗菜板表面，彻底去除食物残渣和污垢。
- 将菜板完全浸没在沸水中，保持10分钟，通过沸水高温杀菌的作用，有效地消灭菜板上残留的细菌和微生物。
- 将菜板取出晾干，确保没有水分残留，可以使用干净的布或纸巾擦拭菜板表面，帮助加快干燥过程。

浸盐法
- 每天使用完菜板后(特别是剁肉馅后)，将菜板清洗干净，然后放入盐水(浓度为15%左右)中浸泡2小时，再取出晾干，这样不仅可以杀死细菌，还能防止菜板干裂。

（2）上油

对于实木菜板，定期上油是非常重要的保养步骤。

方法	使用食品级的木油或植物油，将适量的油涂抹在菜板表面，并让其充分吸收。
作用	可以滋润木材，防止干裂和变形，还可以保持菜板的外观和耐用性。
频率	建议每隔几周进行一次上油保养。

注意事项

※ 清洁实木菜板不要使用清洁剂，否则清洁剂会渗入菜板内，长期使用清洁剂会导致菜板霉烂。
※ 为了避免交叉污染，菜板应做到生熟分开，并做好标记。
※ 尽管塑料菜板具有耐热性，但仍应避免将高温的油脂直接接触到菜板表面，以防止菜板变形或损坏。

学习单元三　烹制膳食

一、制作凉菜操作实例

【实例1】凉拌皮蛋豆腐

主料			
南豆腐	1盒	皮蛋	1个
配料			
白糖	2克	生抽	3克
香油	4克	蒜蓉	2克
香菜	3克	—	—

操作步骤

步骤 1
将豆腐扣在案板上，切成片状。

步骤 2
切好的豆腐整齐摆入盘中。

步骤 3
将皮蛋切 1 厘米 ×1 厘米 ×1 厘米大小的丁。

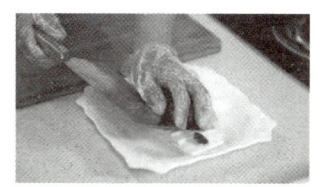

步骤 4
切好的皮蛋平铺在豆腐上。

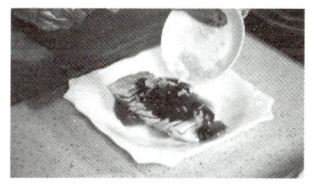

步骤 5
依次放入白糖、生抽、香油、蒜蓉等配料。

步骤 6
最后撒上香菜作为点缀即可。

注意事项

1. 豆腐嫩滑易碎，切片时注意用力不要过大，且不要切得太薄，以避免豆腐碎掉。
2. 在将调味汁浇在食材上之前，可以提前将盘子放入冰箱冷藏一段时间，让食材更加凉爽，口感更佳。

扫码看视频

凉拌皮蛋豆腐

【实例2】拌白菜心

主料			
白菜心	250 克	—	—
配料			
食用油	20 克	葱末	5 克
蒜片	5 克	姜末	5 克
盐	3 克	白糖	10 克
醋	5 克	—	—

操作步骤

步骤 1
往锅中倒入食用油,预热。

步骤 2
油热后加入蒜片、葱末、姜末爆香,盛出备用。

步骤 3
将切好的白菜心放入盆中。

步骤 4
依次加入盐、白糖、醋以及制好的料汁。

步骤 5
用筷子将白菜心拌匀。

步骤 6
最后装盘即可。

扫码看视频

拌白菜心

> **小贴士**
>
> ※ 白菜心在清洗时可以加入一些面粉或者淀粉来吸附表面的污垢和细菌,确保食材的干净卫生。
>
> ※ 白菜心不要焯水,直接用生的白菜叶即可,因为焯水后的白菜叶会过于软烂,影响口感。

【实例3】开胃小黄瓜

主料

| 小黄瓜 | 400克 | 红辣椒 | 适量 |

配料

盐、味精、白糖、香醋、生抽、凉开水各适量

操作步骤

步骤1:小黄瓜洗净,切小段,加入少许盐拌匀。红辣椒洗净,切圈。

步骤2:将盐、味精、白糖、香醋、生抽、凉开水混合成生拌汁。

步骤3:将小黄瓜、红辣椒、生拌汁混合拌匀即可。

二、制作主食操作实例

【实例1】发面

主料				
面粉	500 克	—	—
配料				
温水	250 克	干酵母	5 克
白糖	5 克	—	—

操作步骤

步骤 1

取 500 克面粉放入盆中备用。

步骤 2

取 250 克温水,加入干酵母、白糖,搅拌至干酵母化开。

操作步骤	
 步骤 3 将化开的酵母水全部加入盆中，搅拌后，加入适量的水，充分搅拌。	 步骤 4 搅拌至面粉充分吸收水分，呈面絮状。
 步骤 5 面粉呈面絮状后，用手对面絮进行反复揉捏，直至揉成一个柔软光滑的面团。	 步骤 6 在面团上盖上湿润的毛巾，静置在 30 ℃左右的环境中约 40 分钟，待面团发酵至两倍大小即可。

扫码看视频

发面

小贴士

※ 在酵母水中加入少量白糖是为了激发酵母的活性，帮助酵母更好地发酵。白糖过多反而会减缓发酵的过程，甚至会使酵母处于糖分过多的环境中而脱水死亡。

※ 发酵好的面团有淡淡的酸味，用手指在面团中间戳一个孔，孔不会回缩，拉开面团能看到面团内部呈密集的蜂窝状。

【实例2】做馒头

主料			
面粉	500 克	—	—

配料			
温水	250 克	干酵母	5 克
白糖	5 克	食用碱	适量
食用油	适量	—	—

操作步骤

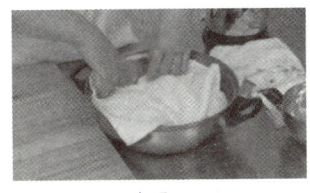

步骤 1

发面备用（步骤同前文"发面"）。

步骤 2

等待面团发酵时，在食用碱中加入少许水，调制成碱水备用。

操作步骤

步骤 3

将发酵好的面团取出放置在面板上，加入碱水，揉捏均匀。

步骤 4

将面团揉成长条，再揪（切）成大小均等的小剂子。

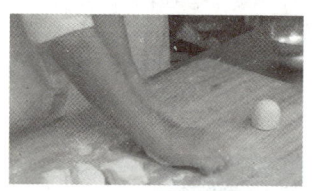

步骤 5

将每个小剂子撒上少许面粉，然后反复揉几次，揉成光滑的圆形或长方形，做成馒头生坯。

步骤 6

蒸锅加入凉水，在蒸屉上刷少许食用油防止粘锅，然后将馒头生坯放入蒸屉，盖上锅盖，大火蒸 25～30 分钟，关火后等待 2 分钟即可取出食用。

扫码看视频

做馒头

小贴士

※ 使用酵母粉进行面团发酵后，也可不加碱。

※ 馒头蒸好后不要急于打开锅盖，一定要关火后再焖几分钟，否则容易导致馒头表皮塌陷。

【实例3】煮米饭

准备材料

电饭锅	1个	量具	1个
大米、清水适量			

操作步骤

步骤1：根据用餐人数，用量具取适量的大米放入锅中。

步骤2：将大米用清水淘洗2~3遍，然后重新加入适量的清水，米和清水的比例为1∶1.5。

步骤3：盖上锅盖，按下电饭锅的煮饭键，等待米饭煮熟即可。

> **小贴士**
>
> ※ 淘洗大米不能超过3次，淘洗次数过多会导致大米中的营养物质流失。
>
> ※ 煮米饭时加入少量盐和猪油，煮出来的米饭会更松软好吃。

三、制作菜肴操作实例

【实例1】水煮肉片

主料			
猪里脊肉	250克	生菜	150克
配料			
生粉	5克	料酒	3克
盐	2克	鸡蛋	1个
葱	5克	蒜	3克
食用油	适量	干辣椒	3克
花椒	1克	豆瓣酱	2克
香油	2克	辣椒面	2克
清水	适量	鸡精	3克

操作步骤

步骤 1

将清洗干净的猪里脊肉切成厚度均匀的薄片。

步骤 2

加入生粉、料酒、盐、蛋清,搅拌上浆,腌制一段时间。

步骤 3

生菜洗净、沥干水分,葱切段,蒜切末备用。

步骤 4

起锅烧油,下干辣椒、花椒,中火炒香,盛出备用。

步骤 5

重新放油,加入豆瓣酱、香油和辣椒面,炒出红油。

步骤 6

锅中加清水,煮沸后放入生菜,生菜煮熟后捞出,放在盘子底部备用。

操作步骤	
 步骤 7 继续在滚汤中加入鸡精和肉片，将肉片煮熟，盛出肉片平铺在生菜上，并将锅中汤汁倒入同一盘中。	 步骤 8 将准备好的花椒、干辣椒和蒜末、葱铺在肉片上方。
 步骤 9 淋上热油，激发出香味即可。	

注意事项

1. 肉片下入汤锅后，变色就可关火，高温的汤汁会把肉片焖熟，否则煮得太久会影响肉片口感。

2. 在炸制干辣椒和花椒时，要注意火候和时间，避免炸糊或炸焦。炸制完成后，可以将辣椒和花椒剁碎，撒在肉片上，增加口感和风味。

扫码看视频

水煮肉片

【实例2】红烧牛肉

主料			
牛肉	500克	土豆	100克

配料			
葱	5克	姜	5克
料酒	10克	食用油	适量
辣豆瓣酱	20克	酱油	5克
白糖	15克	八角	2克
鸡精	2克	清水	适量
胡椒粉	3克	—	—

操作步骤

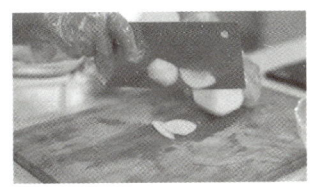

步骤1

土豆去皮，洗干净后切滚刀块。

步骤2

将土豆放入清水中浸泡，去除部分淀粉。

操作步骤

步骤3

将牛肉切成均匀大小的块。

步骤4

牛肉冷水下锅,加入葱、姜、料酒去腥,盛出沥干水分备用。

步骤5

起锅烧油,油热后放入葱、姜爆香,加入辣豆瓣酱翻炒,然后放入牛肉翻炒。

步骤6

锅中加入酱油、料酒、白糖、八角、鸡精后继续翻炒,翻炒均匀后加入清水,没过牛肉,盖盖焖煮30分钟左右。

步骤7

揭盖后,将土豆块下入锅中,并转至小火焖10分钟。

步骤8

开大火收汁,撒入胡椒粉,即可出锅。

注意事项

1. 焖煮时需要掌握好火候,中火可以让牛肉更加入味,口感更好。
2. 在出菜前,可以用一些葱花、香菜等食材进行装饰,增加菜品的色彩和美观度。

模块二 | 制作家庭餐

扫码看视频

红烧牛肉

【实例3】清蒸鲈鱼

主料			
鲈鱼	500 克	—	—
配料			
香葱	20 克	胡萝卜	10 克
姜	10 克	盐	2 克
料酒	3 克	蒸鱼豉油	5 毫升
食用油	适量	—	—

操作步骤

步骤 1
将鲈鱼去鳞，取出内脏后清洗干净，并沥干水分。

步骤 2
将香葱切段，胡萝卜和姜切丝。

步骤 3
鱼身两侧切几刀，将盐均匀涂抹在鱼身上，并用姜丝、香葱段、料酒、蒸鱼豉油腌渍 5 分钟。

步骤 4
将鱼放入蒸锅中开始蒸，待水开后再蒸 7 分钟。

步骤 5
在蒸好的鱼上放胡萝卜丝、姜丝和香葱段。

步骤 6
干净的锅中烧热油，将热油淋在鱼身上即可。

注意事项

1. 鲈鱼肉质细嫩，500 克鲈鱼在水开后再蒸 7 分钟刚好，时间过久会导致肉质变老，影响口感。
2. 若蒸锅内水量不足，会导致蒸出的鲈鱼口感干燥，蒸锅内的水应该达到蒸锅 2/3 的高度。

模块二 | 制作家庭餐

扫码看视频

清蒸鲈鱼

【实例4】香菇菜心

主料			
青菜	500 克	香菇	50 克
配料			
盐	3 克	食用油	适量
蚝油	3 克	料酒	3 克
白糖	2 克	鸡精	1 克

操作步骤

步骤 1

清除青菜的根部和枯叶后,再清洗干净,只留菜心备用;香菇洗净后,切片备用。

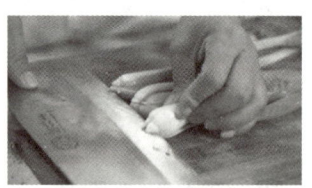

步骤 2

将菜心用十字花刀切成四瓣。

步骤 3

锅中加清水,煮沸后加入盐(2克)和菜心,水开即可将菜心捞出。

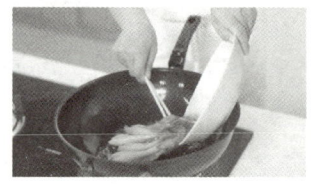

步骤 4

炒锅上火放油,油热后放入香菇煸炒片刻,再倒入菜心翻炒。

步骤 5

加入蚝油、料酒、盐(1克)、白糖和鸡精,翻炒均匀,出锅装盘即可。

注意事项

1. 炒制过程注意掌握火候，不要用大火猛炒，中小火炒制可以保持菜品的嫩度和口感。
2. 香菇菜心可以搭配一些其他调味料来增加口感和味道，例如加入一些蒜末或者姜末等。

扫码看视频

香菇菜心

四、制作汤食操作实例

【实例1】山药排骨汤

主料			
猪小排	500 克	山药	250 克
配料			
葱	2 克	姜	3 克
料酒	2 克	清水	适量
盐	3 克	鸡精	2 克

操作步骤

步骤 1

锅中放入适量清水，加入猪小排、葱、姜、料酒，焯水。

步骤 2

猪小排变白后捞出，并用流水洗净表面浮沫，沥干水分后备用。

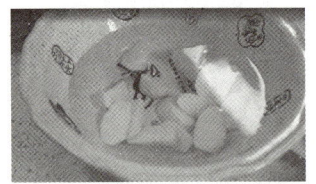

步骤 3

山药去皮后，切滚刀块，泡在清水里备用。

步骤 4

葱切小段，姜切片。

操作步骤	
 步骤 5 将猪小排、葱、姜、料酒放入砂锅中，加适量的清水。	 步骤 6 中火烧开，捞出表面浮沫，转小火炖40～50分钟。
 步骤 7 将山药放入砂锅中，炖20分钟。	 步骤 8 加入盐、鸡精即可。

扫码看视频

山药排骨汤

小贴士

※ 给山药去皮和切山药时可戴上一次性手套，避免山药的黏液接触到皮肤引发过敏。

※ 炖汤时，最好一次性加够水，避免中途揭盖加水，影响汤的美味。

【实例2】口蘑汤

主料			
口蘑	50克	—	—
配料			
葱	5克	姜	5克
料酒	20克	清水	适量

操作步骤	
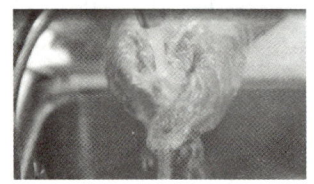 步骤1 将口蘑去除根部泥沙,洗净。	 步骤2 将清洗干净的口蘑切片,放入容器中,加入清水。
 步骤3 容器内放入葱、姜及料酒。	 步骤4 将容器上蒸笼蒸至口蘑酥烂即可。

模块二 | 制作家庭餐

扫码看视频

口蘑汤

> **小贴士**
> ※ 口蘑必须要洗净、蒸透，否则汤汁不浓。
> ※ 在熬制过程中，保持小火，否则汤汁不清爽，味道不浓。

模块 三
洗烫收纳衣物

学习单元一　　洗涤衣物

一、衣物洗涤准备

衣物洗涤是家务服务人员日常的重要任务之一，家务服务人员需要准确识别衣物洗涤的各种标识和各类织物的性能，然后选择合适的洗涤用品和洗涤方式来进行衣物的洗涤。

1. 衣物洗涤标识识别

衣物的洗涤标识是一些洗涤专业性的图案，家务服务人员需认识常见的洗涤标识，掌握洗涤和保养的方法，避免因不当操作对衣物造成损伤。生活中常见的洗涤标识主要有水洗、干洗、漂洗、干燥、熨烫 5 类。

（1）水洗标识

水洗标识以一个水槽的图案为基础进行演变（见表 3-1）。

表 3-1　常见的水洗标识

标识类型	标识图案	洗涤及保养方法
水洗标识	（水槽图案）	可以机械常规洗涤
	（手洗图案）	轻柔手洗

续表

标识类型	标识图案	洗涤及保养方法
水洗标识	(手洗图案)	只能手洗
	(30℃水洗图案)	最高水温 30 ℃水洗
	(打叉水洗图案)	不能水洗

（2）干洗标识

干洗标识以圆圈为主（见表 3-2）。

表 3-2 常见的干洗标识

标识类型	标识图案	洗涤及保养方法
干洗标识	○	可以干洗
	⊗	不能干洗

（3）漂洗标识

漂洗标识以三角形为主（见表 3-3）。

表 3-3 常见的漂洗标识

标识类型	标识图案	洗涤及保养方法
漂洗标识	△	可以氯漂
	(打叉三角形)	不可以氯漂

(4) 干燥标识

干燥标识以衣服图案和正方形＋圆圈为主（见表 3-4）。

表 3-4 常见的干燥标识

标识类型	标识图案	洗涤及保养方法
干燥标识	衣服（悬挂）	悬挂晾干
	衣服（平铺）	平放晾干
	衣服（斜线）	阴干
	○	可以翻转干燥
	⊠	不可以翻转干燥
	方框内圆圈加一点	较低温度翻转干燥，排气口最高温度 60 ℃
	方框内圆圈加两点	常规温度翻转干燥，排气口最高温度 80 ℃

(5) 熨烫标识

熨烫标识以熨斗图案为主（见表 3-5）。

表 3-5 常见的熨烫标识

标识类型	标识图案	洗涤及保养方法
熨烫标识	熨斗带波浪线	需要垫布熨烫

续表

标识类型	标识图案	洗涤及保养方法
熨烫标识		蒸汽熨烫
		不可以熨烫
		熨烫温度不能超过 110 ℃
		熨烫温度不能超过 150 ℃
		熨烫温度不能超过 200 ℃

2. 纺织品衣物的面料织物性能及鉴别

在日常生活中洗涤衣物时，家务服务人员需要了解各种纺织品衣物面料织物的性能，正确鉴别织物的质地（见表3-6），以便选择合适的洗涤方式。

表 3-6　各类织物的性能及鉴别方法

织物类型		性能	鉴别方法
棉及棉混纺织物	纯棉织物	具有良好的吸湿性和保温性，穿着透气、舒适。棉纤维耐碱不耐酸，故适宜用碱性肥皂和普通洗衣粉洗涤	光泽柔和，手感柔软，但弹性较差，容易产生折痕。手捏紧布料有一种厚实的感觉，放松后有明显褶痕
	涤棉、腈棉织物		光泽明亮，色泽淡雅，布面手感光滑平整，有滑、挺、爽的感觉。手捏布面有一定的弹性，放松后褶痕较少且恢复较快

续表

织物类型		性能	鉴别方法
麻及麻混纺织物	纯麻织物	韧性好，其强力和耐磨性均高于棉布，穿着凉爽。麻纤维耐碱不耐酸，对染料的亲和力比棉低，故适宜用碱性肥皂和普通洗衣粉洗涤	色泽自然柔和明亮，布面有不匀之感，较棉织物挺括，手摸布面有粗糙厚实之感
	涤麻织物		纹理清晰，布面平整，光泽较亮，手感较柔软，手捏紧放松后不易产生褶痕
	棉麻、黏麻织物		风格与外观介于纯麻织物和涤麻织物之间
	毛麻织物		布面清晰明亮、平整，手捏紧放松后不易产生褶痕
毛及毛混纺织物	纯毛织物	天然弯曲，弹性好，具有良好的可塑性和优良的缩绒性，吸湿性和抗酸性强，织成的呢绒弹性好，挺括抗皱，不易变形，不易沾污。耐磨耐穿，保暖性强，舒适美观，但抗碱能力弱，遇碱后纤维易损坏，所以不宜用碱性肥皂洗涤	呢面平整，色泽均匀，光泽柔和，手感柔软，富有弹性且丰满。手捏紧放松后布面没有褶痕，即使略有褶痕也会在较短时间内自然地恢复原状
	毛涤织物		光泽柔和，色泽均匀，手感挺括，富有弹性，捏紧放松后布面褶痕很快消失，恢复原状
	毛粘织物		光泽较暗，薄型织物看上去有棉的感觉。手感较柔软但不挺括，捏紧放松后有较明显的褶痕

续表

织物类型		性能	鉴别方法
丝织物	真丝织物	以蚕丝为原料织成。蚕丝的丝素有光泽，吸水性很强；色泽比较鲜艳，织成丝绸轻逸滑润，柔软舒适。蚕丝与羊毛相似，耐酸不耐碱，将蚕丝浸在10%的烧碱溶液中，只要10分钟就会溶化，蚕丝也怕在阳光下暴晒，阳光中的紫外线会使蚕丝纤维脆化，因此洗涤后的蚕丝织物宜阴干	绸面光泽柔和，明亮悦目而不刺眼，色泽鲜艳均匀，手感轻柔平滑，富有弹性。以手托起时自然悬垂，手摸绸面时有丝丝凉意和润滑之感。用手捏紧后放松，绸面稍有细小褶痕，干燥的真丝绸相互摩擦会发出丝鸣声
	粘胶人造丝织物		绸面光泽明亮刺目，不如真丝绸那样有柔和感。手感滑爽，织物柔软而带沉甸甸的感觉，也不及真丝绸轻盈飘逸、挺括。手捏紧放松后褶痕多而深，不易恢复
	涤纶丝织物		光泽柔和，色泽均匀，手感滑爽、干挺，弹性好。手捏紧放松后无明显褶痕，恢复原状较快

续表

织物类型		性能	鉴别方法
化学纤维织物	粘胶纤维织物	强度和耐磨性高，柔软舒适，穿着方便，不易褶皱。表面光滑，污垢一般仅吸附在织物表面，容易洗涤，也容易晾干，但其结构较松，容易起毛结球。吸湿性较差，穿着时不易吸汗，透气性差，穿着者会感到气闷、不舒服，易产生静电	手感光滑，手捏紧放松后有较深的褶痕，且不易恢复
	涤纶纤维织物		颜色较亮，手感滑爽，手捏紧放松后几乎不产生褶痕
	锦纶纤维织物		颜色鲜艳，光泽有蜡状感，质轻，织物疲软，手捏紧放松后有明显的褶痕
	腈纶纤维织物		颜色鲜艳，光泽柔和，手感蓬松柔软。手捏紧放松后不易产生褶痕，但一旦产生褶痕则较难消失
	氨纶纤维织物（莱卡）		颜色鲜艳，光泽较好，手感光滑，有较大的伸缩性，能适应身体各部位弯曲的需要，不起皱也不易产生褶痕

3. 洗涤用品的选择

家庭常用洗涤剂的种类很多，有以清洗为主的用品，如肥皂、洗衣粉、液体洗涤剂等；以局部去污、增艳、增白等辅助清洗为主的用品，如衣领净、氯漂水、氧漂水等；以蓬松、柔软等调理为主的用品，如蓬松剂、柔顺剂等。

◎ 普通洗衣皂

特性：碱性大，用温水及软水洗涤效果更好。

用途：适用于棉、麻织物的洗涤，不适合洗涤丝、毛织物。

◎ 婴儿专用洗衣皂

特性：呈中性，含植物成分，温和不伤皮肤。

用途：用于洗涤婴儿衣物，也可用于成人内衣裤的洗涤。

◎ 透明皂

特性：碱性小，含有甘油、椰油成分。

用途：适合洗涤合成纤维织物。

◎ 增白皂

特性：碱性，含有增白及漂白剂的成分，有增白作用。

用途：适合洗涤白色及浅色织物。

◎ 硫黄皂

特性：中性，含有硫黄成分，有杀菌作用。

用途：可以用于内衣的洗涤。

◎ 消毒药皂

特性：中性，含有消毒成分，有杀菌作用。

用途：可以用于内衣的洗涤。

◎ 香皂

特性：中性，有的含有杀菌成分，气味芳香。

用途：主要用于皮肤的清洗，也用于服装上个别污渍的处理。

洗衣粉

◎ 普通合成洗衣粉

特性：碱性大。

用途：适合棉、麻织物的洗涤，不宜洗涤丝、毛织物。

◎ 加酶洗衣粉

特性：可去除血渍、尿渍、奶渍、汗渍等污渍。

用途：适合洗涤内衣等贴身衣服，以及床单、被套等床上用品，还可洗涤有血渍等特殊污渍的衣物。

◎ 增白洗衣粉

特性：有增白作用。

用途：适合洗涤白色织物和部分浅色面料服装，不宜洗涤深色服装。

◎ 多功能高效合成洗衣粉

特性：去污范围广泛，有护理织物的功能。

用途：适合多种污渍的清洗，可用于棉、麻、化纤等多种面料的洗涤，有的能洗涤丝、毛织物。

> **小贴士**
>
> 多功能高效合成洗衣粉整合了多种去渍、护理成分，洗涤污渍的范围更广泛，还具有保护织物、改善手感等功能。这类洗衣粉大多添加了酶，主要是蛋白酶及各种生物酶，它们能分解血清等蛋白质污渍，可用于特殊污渍的洗涤。酶是一种活性物质，温度过高会破坏它的活性，所以添加了酶的洗衣粉洗涤湿度不能超过 60 ℃。

液体洗涤剂

◎ 液体合成剂

特性：呈弱碱性。

用途：洗涤棉、麻、化纤织物。

◎ 婴幼儿专用洗涤剂

特性：呈中性，含表面活性剂、酵素、植物成分。

用途：专用于清洗婴幼儿各种材质衣物。

◎ 羊毛衫洗涤剂

特性：呈弱酸性。

用途：洗涤羊毛衫及纯毛织物。

◎ 羊绒衫洗涤剂

特性：呈弱酸性，有护理织物成分。

用途：专用于羊绒织品的洗涤。

◎ 丝织物洗涤剂

特性：呈中性。

用途：洗涤各类丝绸。

◎ 牛仔服洗涤剂

特性：含护色因子。

用途：洗涤牛仔服。

◎ 羽绒服洗涤剂

特性：含蓬松成分。

用途：洗涤羽绒服装。

◎ 内衣洗涤剂

特性：不含磷、铝、碱、荧光增白剂，含杀菌去渍成分。

用途：专用于内衣的洗涤。

◎ 床上用品洗涤剂

特性：有除螨、护理织物成分。

用途：洗涤床单、被套、枕套等。

小贴士

※ 使用液体洗涤剂清洗衣物时，只要按比例将洗涤剂溶于清水中，放入待洗的衣物，稍加浸泡后翻动揉洗，特别脏的地方用软毛刷轻轻刷洗，脏污就能被去除。洗涤丝绸、毛料服装时水温不宜过高，不要用力搓洗，以免损伤丝绸、毛料，使衣物变形。

※ 中、酸性洗涤剂不适合洗涤棉、麻、化纤类面料的衣物，也不能与其他碱性洗涤剂混用，否则会影响洗涤效果。

辅助洗涤用品

◎ 衣领净

特性：能去除汗黄渍和顽固污垢。

用途：用于衣领、袖口等处顽固污垢的洗涤。

◎ 洗洁精

特性：含去油因子，高效去油。

用途：主要用于厨房用品的洗涤，也可用于洗涤服装上的油渍。

◎ 氯漂水

特性：属含氯漂白剂。

用途：漂洗各种白色织物，不能用于丝、毛织物。

◎ 消毒液

特性：以次氯酸钠为主要成分。

用途：用于生活用品的消毒，也能用于各种白色织物的漂白、消毒，不能用于丝、毛织物。

◎ 氧漂水

特性：以双氧水为主要成分，性质温和。

用途：可用于白色、浅色的丝绸、毛料织物和棉、麻织物及各种化纤织物的增白、增艳。

小贴士

※ 手洗时可直接将辅助洗涤用品浸入洗衣粉溶液洗涤，机洗则放入洗衣机内洗涤。

※ 使用衣领净清洗浅米色或本白色衣服时，要先在衣服下摆处试一下，确认不变色方可使用。

※ 去污、增白的辅助洗涤用品在去污的同时会使服装褪色，使用前一定要看使用说明，严格按照说明使用，控制使用浓度。为

防止过度褪色，也可在上衣门襟内侧、下摆贴边、腋窝等不显眼处试用一下，确认不褪色、不伤害衣料再使用。
※ 白衬衫等白色衣物要单独洗，洗涤时可用带有漂白功能的洗涤剂，或添加洁衣漂水，丝、毛织物不宜使用洁衣漂水。

洗涤调理用品

经常使用洗涤调理用品可使羊毛衣物及毛巾恢复天然弹性，使棉麻织物及混纺纤维衣物减少褶皱，使合成纤维衣物减少静电，达到使衣物柔顺松软、清新芳香的效果。常用的洗涤调理用品包括各种品牌的柔顺剂和蓬松剂。

小贴士

※ 手洗衣物时，使用柔顺剂需要先将柔顺剂按照使用说明加入水中稀释，切勿将未稀释的柔顺剂直接倒在衣物上。
※ 机洗衣物使用柔顺剂时，需要将柔顺剂倒入洗衣机指定的柔顺剂入口。

二、手工洗涤衣物

1. 水洗关键点

家务服务人员在手工洗涤衣物时，需要正确掌握、合理运用水洗的四个关键点，即水温、洗涤时间、洗涤剂和洗涤方法。

关键点 1　水温

水洗衣物时，洗涤用水的温度对洗涤的效果影响重大，洗涤温度能够提高洗涤剂溶解度，增强去污能力。一般来说，洗涤白色织物时，洗涤温度越高，洗涤效果越好。但洗涤染色织物时，就要适当控制洗涤温度，避免温度偏高导致衣物褪色和皱缩。

关键点 2　洗涤时间

由于服装面料的类别不同、质地和薄厚不同、色泽不同、污染程度不同，洗涤时要区别对待，洗涤时间的长短也要有所区别。水洗时要尽量防止因洗涤时间过长而导致织物遭受损伤。

在洗涤用不同质地面料拼制的服装和用毛料、丝绸及混纺织物制成的高档服装时要格外小心，防止出现起泡或变形、脱色或串色现象，以免降低服装原有价值及外观效果。洗涤白色棉织物床上用品时，为了提高洗后清洁度，浸泡时间可稍长些，其他毛料、丝绸及有色服装洗涤时间均不宜过长。

关键点 3　洗涤剂

洗涤剂的选用直接影响织物洗涤的效果及质量，所以在选用洗涤剂时，既要考虑去除衣物上的污渍，又要保护衣物不受损伤，不同质地的衣物所选用的洗涤剂有所不同。

关键点 4　洗涤方法

洗涤衣物是通过水和洗涤剂对衣物的摩擦来去除衣物上的污垢。手工洗涤有搓洗、刷洗、拎洗、揉洗等方式，可使衣物与衣物、衣物与洗涤剂或水之间产生不同方式的摩擦。由于衣物面料的性质及新旧程度不同，其耐拉强度也有所不同，因而洗涤所用的摩擦力就各有不同。正确选用洗涤方法可以最大限度地洗净衣物，并保护衣物。

2. 洗涤前的预处理

衣物在穿着或使用过程中，难免会出现局部污渍较重的情况，在洗涤之前应根据污渍的种类、性质及衣物面料的特点，选择适宜的除渍用品，用正确的方法先对重点污渍进行清洁预处理。

污渍	处理方法
汗渍	洗涤汗渍时忌用热水，一般汗渍可用5%~10%的食盐水浸泡10分钟，再擦上肥皂洗涤。
尿渍	尿液所含成分与汗液相似，也可用食盐溶液浸泡的方法进行洗涤。
血渍	血渍如尚未凝固，可用冷水（不能用热水）加洗衣粉或肥皂洗涤。
奶渍	应立即用冷水冲洗。
果汁渍	新染上的果汁可先撒些食盐，用水润湿后浸在肥皂水中洗涤；或在果汁渍上滴几滴食醋，用手揉搓几次，再用清水洗净。
酱油渍	用冷水浸湿后先用洗涤剂洗涤，再用清水洗净即可。
茶渍	衣物上刚沾了茶渍，可用70~80℃的热水搓洗。陈茶渍可用浓食盐水浸泡搓洗。
口香糖渍	将衣物放置在冰箱内冷冻，口香糖冷冻变脆后取出，用刀片轻轻刮掉即可（切忌用手抠口香糖渍）。
口红渍	衣物沾上口红，可涂上卸妆用的卸妆液（或洁面膏），水洗后再用肥皂洗，即可去除污渍。

3. 手洗衣物操作步骤

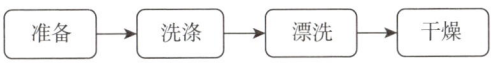

（1）准备

● 检查衣物。查看衣服口袋中是否有钱币、首饰、票据等，如有要取出并及时告知雇主，然后抖净口袋里的烟末、碎屑等，再查看衣服表面是否有特殊污垢。对领口、袖口等容易脏的地方可先用衣领净涂抹，进行预处理。

● 区分衣物。不同颜色、不同质地的衣物要分开清洗，内衣与外衣要分开清洗，成人与小孩的衣物要分开清洗，病人的衣物要单独清洗。另外，家务服务人员自己的衣物要单独进行洗涤，不与雇主的衣物一同清洗。

● 选择洗涤用品。根据衣物面料的不同，选择合适的洗涤用品。

● 根据衣物的面料及颜色等选择浸泡的温度、时间。深色衣物的浸泡温度不宜过高，浸泡时间也不宜过长，以防褪色。脏衣服先用 40 ℃左右的温水浸泡 10～15 分钟，切忌浸泡时间过长，尤其是比较脏的衣物，浸泡的时间越长，污物越难渗出，也越难洗净。

（2）洗涤

洗涤前将衣物放入配制好的洗涤剂溶液内，根据需要选择使用搓洗、刷洗、拎洗、揉洗等方法清洗衣物。

（3）漂洗

漂洗又称过水，是指用水将衣物上的洗涤液漂洗干净的过程。漂洗时，第一次漂洗的水温不能太低（在冬季尤其要注意）。因为在水洗过程中纤维已经膨胀，遇冷会收缩，使洗涤剂不易漂洗干净，造成衣物晒干后发硬，严重时会泛黄变质。

（4）干燥

将漂洗好的衣服晾干或烘干。

操作实例

手洗纯棉衬衫

操作准备

纯棉衬衫（1件）	洗涤盆	衣领净
食盐	肥皂	洗衣液

操作步骤

步骤1
检查衬衫口袋中的杂物，并将其清理干净。

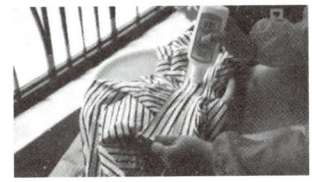

步骤2
检查领口、袖口处的污渍，并用衣领净进行预处理。

步骤3
在衬衫上的果汁渍处撒上少许食盐，用水润湿。

步骤4
将污渍处浸入肥皂水中搓洗干净。

操作步骤

步骤 5
将衬衫浸入洗衣液溶液中反复揉搓。

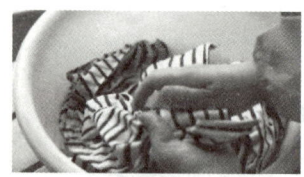

步骤 6
特别脏的地方打上肥皂轻搓。

步骤 7
用拎的手法将衬衫放入清水中反复漂洗，洗至没有泡沫，水清即可。

步骤 8
将清洗好的衬衫拧干水分。

注意事项

※ 洗衣前的准备工作要做好，将口袋内的杂物清理干净，并对重点污渍进行预处理。

※ 为增加衣物蓬松度、柔软度，并减少静电，可在衣物漂清后使用柔顺剂略浸泡。

扫码看视频

手洗纯棉衬衫

三、洗衣机洗涤衣物

1. 洗衣机种类

（1）滚筒式洗衣机

滚筒式洗衣机是指将衣物放在滚筒中，使其部分浸入水中，依靠滚筒连续转动或定时正反向转动的方式进行洗涤的洗衣机。

优点
对衣物的磨损小，水和洗涤剂的用量少，洗涤均匀性好，洗后衣服不缠绕，易烘干。

缺点
价格相对较高，清洁麻烦，保养和维修成本较高，机体很重，不易移动。

（2）波轮式洗衣机

波轮式洗衣机是指将衣物浸没于水中，依靠波轮连续转动或定时正反向转动的方式进行洗涤的洗衣机。

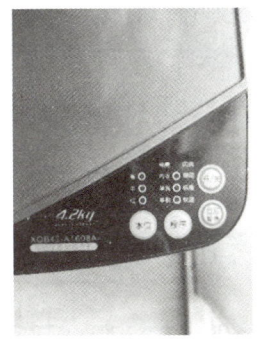

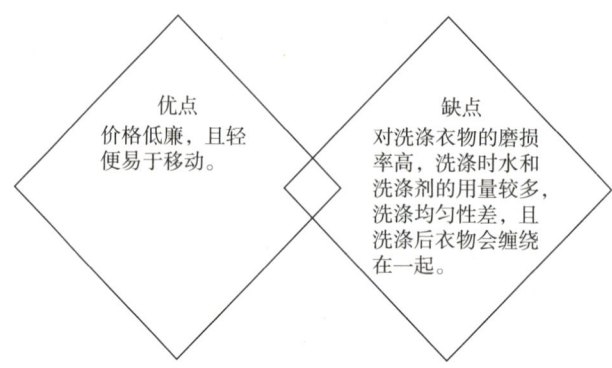

2. 洗衣机洗涤衣物操作步骤

家务服务人员在第一次使用洗衣机前，应仔细阅读说明书，了解洗衣机的性能与操作步骤，并注意洗衣机一次能清洗衣物的额定重量，然后再开始使用。

（1）在将衣物放入洗衣机前，应对衣物进行检查。

1）清理衣服口袋中的物品，并查看衣服表面是否有特殊污垢，如有则应在洗涤前处理干净。

2）查看扣子是否松动，如有松动，应将扣子缝好；对有金属纽扣、金属拉链和硬质装饰物的衣物，应将扣子扣好、拉链拉好并将衣服翻转过来，以防其划伤洗衣筒。

3）洗涤毛衣、尼龙绸类衣物时，应先用有孔眼的尼龙网将其包裹起来再进行洗涤。

（2）将要洗的衣服按照内外衣、深浅色、面料、脏污程度等进行分类。

（3）根据洗衣机说明书标识，按量投放洗涤剂。

上述工作完成后，即可按照下述步骤操作洗衣机：

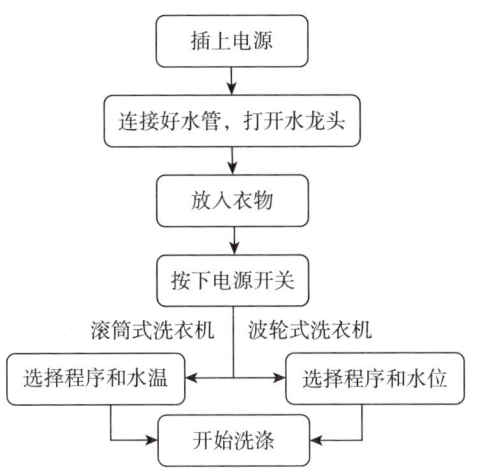

注意事项

※ 使用滚筒式洗衣机时，避免使用高泡洗衣粉或洗衣液，以免在洗涤过程中，滚筒内泡沫过多，从分配盒中溢出。
※ 保持洗衣机控制板的干燥，不要让水溅湿控制板，以免水汽进入，导致元件发生故障。
※ 使用波轮式洗衣机脱水时，必须将机盖关上，避免中途打开盖将手伸入脱水桶整理衣物，以免将手卷入，发生危险。
※ 要定期做好洗衣机的清洁工作，特别是要将过滤网内的布毛、杂物清理干净，以保证排水畅通。

家·务·服·务

操作实例

机洗衣物（滚筒式洗衣机）
操作步骤

步骤1

检查衣物口袋，将杂物取出，并查看是否有特殊污垢，如有特殊污垢，应先处理干净。

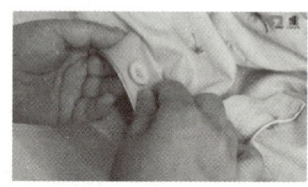

步骤2

检查衣物的纽扣是否有松动，如有松动，应将扣子缝好。

步骤3

根据洗衣机说明书标识，将合适量的洗涤剂投放至分配盒中。

步骤4

将洗衣机电源插头插上。

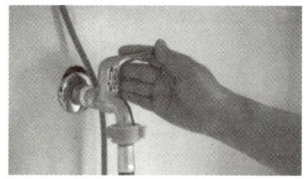

步骤5

打开水龙头。

步骤6

将衣服放进洗衣机。

模块三 | 洗烫收纳衣物

操作步骤

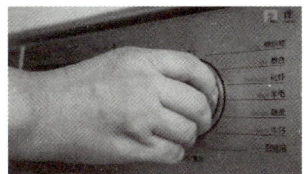

步骤 7
根据需求选择洗涤程序。

步骤 8
按下"启动"按钮,开始洗涤。

注意事项

1. 插、拔电源插头时要用手捏住插头外面的绝缘部分,不能用手拉电线,以免损伤电线。
2. 洗衣机上的旋钮应轻轻旋动,切忌随意、频繁地来回转动。

扫码看视频

机洗衣物(滚筒式洗衣机)

学习单元二　熨烫衣物

一、熨烫的基本要素

熨烫的基本要素包括温度、湿度、压力（见表 3–7）。这三个要素之间又相互发生作用，从而构成了熨烫的全过程。

表 3–7　熨烫的三要素

熨烫的要素	要素内容	注意事项
温度	◎ 熨烫是通过加热对衣服进行定型，温度在熨烫过程中起着主要作用，是影响定型效果的主要因素 ◎ 熨烫效果与温度成正比，即温度越高，定型效果越好 ◎ 温度过低，水分不能汽化，达不到熨烫的目的；但若温度过高，会引起织物熔化、炭化或燃烧	◎ 同类原料的织物，厚型比薄型熨烫温度要高 ◎ 纹面类比绒面类熨烫温度要高；湿烫比干烫温度要高 ◎ 服装的边、缝部位比一般部位熨烫温度要高 ◎ 混纺或交织织物的熨烫温度应根据其中耐温性较低的一种纤维而定

续表

熨烫的要素	要素内容	注意事项
湿度	水分可使纤维润湿、膨胀、伸展，在热的作用下易于定型，因此，在织物含有一定水分时进行熨烫，定型效果较好，特别是毛织物、化纤织物和皱褶较多、旧痕明显的织物，采用湿热定型法定型效果明显	◎ 给湿方法有直接喷水、垫湿布、运用蒸汽熨斗3种 ◎ 蒸汽熨斗是给湿和加热同时进行的，而喷水、垫湿布给湿的方法其均匀程度不及蒸汽熨斗 ◎ 在日常生活中，洗涤后的服装也可在晾至八九成干时，采用不加湿直接熨烫或垫干布熨烫的方法，同样可达到湿热定型的效果
压力	◎ 压力主要是指依托熨斗自身的重量再加上操作时附加的压力和推力，使织物平整或形成褶裥等 ◎ 熨烫织物时，用力要适度、均匀，不要对局部用力过大，避免出现畸形，影响织物的整体效果	◎ 细薄的丝绸熨烫时用力要轻 ◎ 对服装的领、肩、兜、前襟、贴边、袖口、裤线、褶裥、拼缝等处进行熨烫时，压力要大一些，以保证彻底定型 ◎ 绒面织物熨烫时压力宜小，最好采用蒸汽冲烫法，以免压倒绒毛

二、家庭常用熨烫设备

1. 调温型电熨斗

传统的普通型电熨斗不能控制温度，较难满足各类衣物的熨烫要求，因此已渐趋淘汰。而调温型电熨斗是在普通型电熨斗基础上增加可调式温度控制器和指示灯等元件制成的，这种熨斗调温范围为 60～230 ℃，可以满足尼龙、合成纤维、丝、羊毛、棉、麻等各种纤维的熨烫要求，使用方便、安全。

2. 蒸汽喷雾型电熨斗

蒸汽喷雾型电熨斗具有调温、喷汽、喷雾等多种功能，能同时满足熨烫时对温度、湿度的要求，是当前家庭常用的熨烫工具。

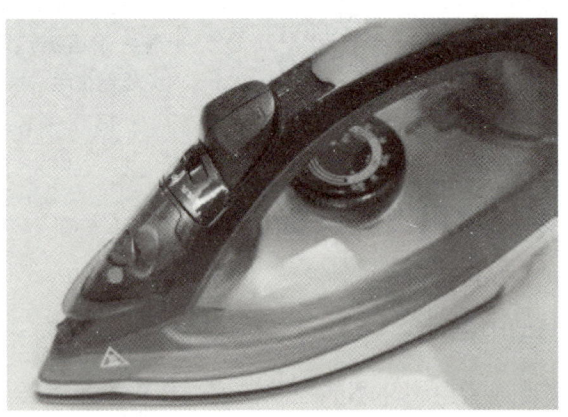

使用蒸汽喷雾型电熨斗需要注意以下方法。

（1）使用前，先向电熨斗水箱内注水（蒸馏水或纯净水）。

（2）使用时，可启动手柄上方的喷雾按钮，电熨斗的下方便立即喷出水雾。

（3）转动调温旋钮时用力要轻，并缓慢地将旋钮旋至所需熨烫织物名称的位置上。

注意事项

※ 通电前，应检查电线外层的保护层是否完整、有无破损，以防漏电。

※ 严禁在无人照管的情况下接通电熨斗电源。加热时不要将电线绕在电熨斗上，以免损坏电线。

※ 当要开门、接电话或处理孩子哭闹等事情时，必须切断电源，不要随便扔下电熨斗就跑开，也不要把热的电熨斗放在儿童能触摸到的地方。

※ 不能在电源接通的情况下向电熨斗水箱内注水，否则有可能造成触电事故。

※ 在熨烫衣物的间歇应将电熨斗竖立放置，或者放在专用的电熨斗架子上。切不可将电熨斗放在易燃的物品上，以免着火；也不要把电熨斗放在铁块或砖石上，以免划伤底板的电镀层。

※ 蒸汽喷雾型电熨斗使用完毕后，应按下蒸汽按钮，倒净水箱（储水器）中的剩水，同时将喷雾按钮旋至"喷雾"挡，继续通电数分钟，使内部水分完全蒸发掉，然后切断电源，待其自然冷却后，将蒸汽按钮与喷雾按钮复位，方可存放。

3. 挂烫机

挂烫机能够对挂着的衣物和布料进行熨烫。挂烫机可以通过内部所产生的灼热水蒸气不断地接触衣服以及布料，达到软化衣服以及布料的目的，并且通过"拉、喷、压"等动作使衣物达到平整的效果。

使用挂烫机需要注意以下方法。

（1）使用前，先向挂烫机的水箱内注入适量水。

（2）使用时，将挂烫机上的旋钮旋至所需熨烫织物名称的位置上。

（3）取下蒸汽喷头，待喷出均匀的蒸汽后方可熨烫衣物。

（4）熨烫好后，将衣物悬挂于通风处晾干。

> **注意事项**

※ 水箱中所注的水最好是纯净水，因纯净水杂质少，不容易结成水垢。

※ 将衣服固定在衣架上，裤子最好平放，或者用裤架棒加以固定。

※ 不同的衣物应采用不同的挡位，厚实的衣物用大功率的挡位，因其蒸汽大、温度高，熨烫效果更明显；轻薄的衣物宜用小功率的挡位，因其蒸汽小、温度低，可避免烫伤衣物。

※ 使用挂烫机熨烫衣服时，应轻轻拉住衣服的下摆，尽量把褶皱的地方拉平，熨烫衣领或褶皱严重的地方时，可稍微用力往下压，同时使蒸汽喷头停留的时间长一点。熨烫裤子时，可以用喷夹，如果没有，可把裤子放在一个平面上，用平滑的金属喷头代替平板熨斗，以实现压烫平整的目的。

三、熨烫衣物操作实例

【实例1】*熨烫衬衫*

操作准备

蒸汽熨斗	蒸馏水或纯净水
衬衫	烫衣板

操作步骤

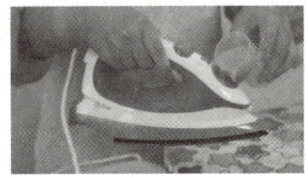

步骤 1

打开蒸汽熨斗的注水口,抬起熨斗前端,使注水口向上,用量杯将蒸馏水或纯净水从注水口处慢慢注入。

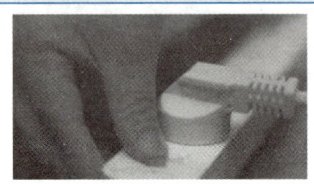

步骤 2

插上电源线,打开电源开关。

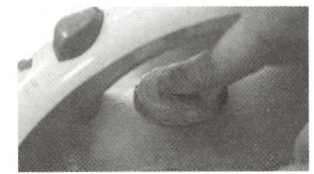

步骤 3

查看衬衫熨烫标识,根据其质地选择适当的温度。

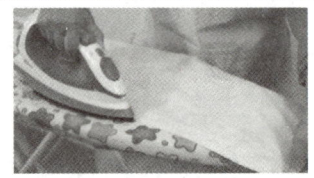

步骤 4

烫左右门襟。将衣服放平,从反面熨烫左右门襟,同时注意避开纽扣。

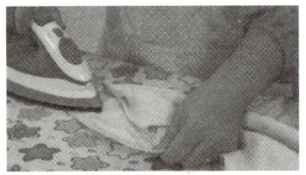

步骤 5

烫克夫(即袖口的贴边)。先烫里面再烫外面。

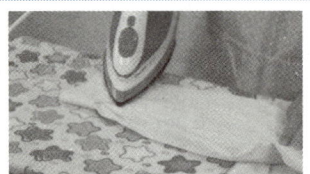

步骤 6

把左右袖口的开衩处烫平。

操作步骤

步骤 7
烫袖管。把袖管平铺在烫衣板上,将腋下至袖口接缝处对齐,沿袖缝铺平熨烫。

步骤 8
同时把袖口折裥烫好,最后再烫整个衣袖。

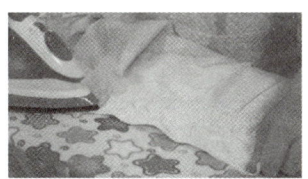

步骤 9
烫衣领。将衣领摆平,里面朝外,一只手拉住领端,另一只手拿着熨斗,由衣领的底部向上端进行熨烫,熨斗的前半部要稍加用力地进行压烫,并边烫边移动。

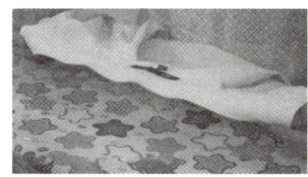

步骤 10
烫完后,换面再烫。趁热将领子弯下去,使领子呈圆弧形。

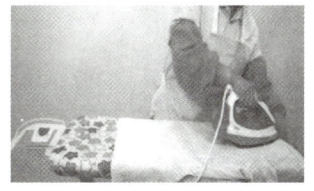

步骤 11
烫肩部。在烫衣板上把衬衫肩部至背后领肩(即背部的横向缝线)部分摊平。

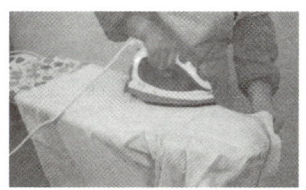

步骤 12
用熨斗从衣领底部向外压烫,熨斗不要压得太紧,以利于移动。

操作步骤

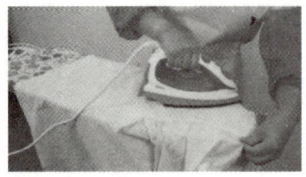

步骤 13

烫前片。里外都要烫，由扣眼一边先从下往上把衣服烫平，然后拿起熨斗从衣袖往扣眼方向重新整烫，最后翻面再烫一次。一只手将衣服拉直，另一只手微提熨斗滑烫，可达到又快又好的效果。

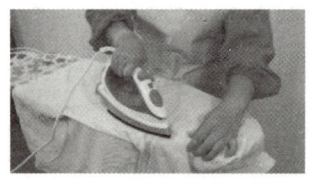

步骤 14

钉有纽扣的部分高低起伏大，整烫时熨斗的尾部要提高，以熨斗尖避过纽扣轻轻滑压。全部完成后，再回到第一颗纽扣处，再仔细地烫一遍，可增加重点修饰的效果。

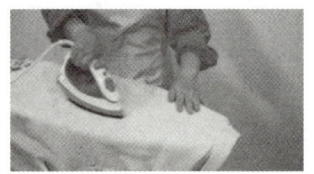

步骤 15

烫后背。将衣服放平，把后背处烫平整。

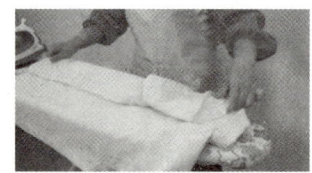

步骤 16

待衬衫冷却后，将其挂起或折叠。

注意事项

1. 熨烫结束后，要及时切断电源。
2. 熨斗要放在儿童触摸不到的地方，让其自然冷却，其余物品归位存放。

扫码看视频

熨烫衬衫

【实例2】熨烫短裙

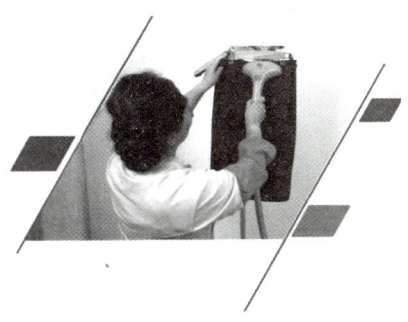

操作准备

挂烫机	挂烫衣架

操作步骤

步骤1
将存水的水箱插入挂烫机底座备用。

步骤2
插上挂烫机电源,根据裙子内侧的熨烫标识和面料的特性设置熨烫温度。

步骤3
烫裙腰。用挂烫衣架将短裙挂在挂烫机上,烫平裙腰,注意裙身连接处与拉链部位。

步骤4
烫裙里。将短裙翻过来,烫平所有衬里、口袋,将裙子反面接缝烫开、压死。

操作步骤	
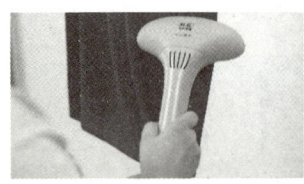	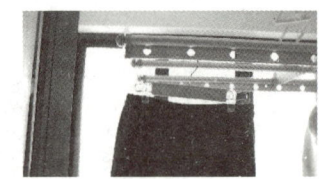
步骤 5	步骤 6
烫裙身。将短裙挂在挂烫机上，烫好开衩与分缝，注意温度。	修饰烫。将短裙挂起，对不满意处做修整。

注意事项

1. 熨烫结束后要及时切断电源。
2. 蒸汽喷头要放挂放在儿童触摸不到的地方，让其自然冷却，其余物品归位存放。
3. 熨烫后将短裙挂于通风处冷却或吹干水蒸气。

扫码看视频

熨烫短裙

学习单元三　收纳衣物

一、衣物的干燥

衣物干燥的方法有晾晒和烘干两种。

1. 晾晒

晾晒有日晒和阴晾之分。日晒指在阳光下晾晒，牢度较好的衣物可进行日晒。阴晾指在不见阳光的通风处晾干衣物，丝绸、羊毛及牢度较差的衣物均宜采用阴晾。

> **小贴士**
> ※ 不管是日晒还是阴晾，衣物在晾晒之前都要抖松，衣服的领子和袖筒都要拉平，缝线处、褶皱明显处都要用手拉一拉，这样有利于干燥后的衣服保持平整。
> ※ 洗完的衣物应该及时晾晒，避免衣物湿润过久导致细菌滋生，产生异味。

衣物洗好后，不同面料、不同颜色的衣物应采取不同的晾晒方法，以尽可能保持衣物不变形、不掉色，以延长使用寿命。

棉、麻类衣物

可直接在太阳下晾晒，深色衣物或色泽鲜艳的外衣宜晒反面，贴身衣物不宜反晒。

丝绸衣物

反面朝外，放在阴凉通风处自然晾干，严禁用火烘烤，严禁放在太阳下暴晒。

毛料衣物

反面朝外，放在阴凉通风处自然晾干，不能放在阳光下暴晒。

针织衣物

洗涤后装入网兜挂在通风处晾干，也可搭在两个衣架上悬挂晾干，还可以平铺在其他物品上晾干。

化纤类衣物

在阴凉处晾干为宜，不宜在日光下暴晒，否则会使面料变色发黄、纤维老化，影响面料寿命。

2. 烘干

阅读标签

在烘干衣物之前，必须仔细阅读衣物标签，包括是否适合烘干、最高烘干温度等。

选择程序

根据衣物类型和厚度选择适当的烘干程序。烘干程序通常区分为普通衣物、羊毛衫、毛巾等不同选项，选择适当的烘干程序可以获得更好的烘干效果。

选定温度

烘干温度是影响衣物缩水程度的重要因素，烘干温度通常设置为 60 ℃。不要将温度调得太高，以防将不耐高温的面料烘坏。

保护部件

在放入烘干机前，应将衣物的拉链、纽扣等金属部件保护好，比如用布包裹起来，以避免滚动时刮伤衣物面料。

及时取出

当烘干完成后，应立即取出衣物，轻轻摇晃或拍打衣物，以释放衣物中的热气和湿气。同时，对于一些需要熨烫的衣物，应在取出衣物后立即进行熨烫。

> **小贴士**
> ※ 不要在烘干筒内放太多衣物，若衣物过挤，烘干后会有褶皱，不平整。
> ※ 必须及时清理纤毛收集口的绒毛，保持筒内空气流通，提高烘干效率。
> ※ 带有毛皮、皮革、绒毛镶拼，或有玻璃珠、塑料片等特殊装饰物的服装不要用烘干机烘干。

家·务·服·务

二、衣物的折叠与整理

1. 折叠

（1）折叠衬衣操作实例

操作步骤	

步骤 1	步骤 2
将衬衣的纽扣扣上。	将衬衣前身朝下、后背朝上铺在桌面上，抚平对正。

操作步骤

步骤 3
以纽扣为中心，等距离将衣身两边向中间对折抚平。

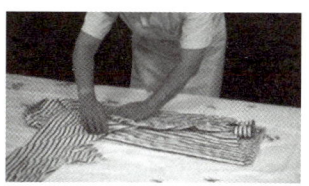

步骤 4
抚平袖子，并将一侧袖子折进一折向下转。

步骤 5
另一侧袖子也同样折叠好。

步骤 6
整理好后，将衬衣下摆向上折。

步骤 7
再次向上翻折一次。

步骤 8
翻过来，使衬衣正面朝上，整理抚平即可。

扫码看视频

折叠衬衣

（2）折叠西裤操作实例

操作步骤	
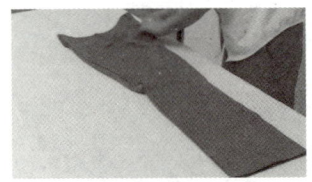 步骤1 从裤脚处将四条裤缝对齐。	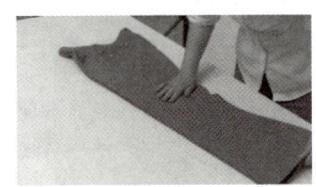 步骤2 整理并用手抚平。
 步骤3 从裤脚至裤腰处对折。	 步骤4 再次对折整理即可。

扫码看视频　　　　　折叠西裤

（3）折叠其他裤型的裤子操作实例

操作步骤	
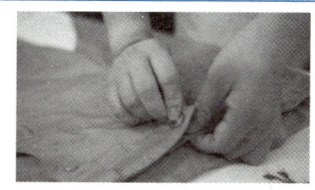 步骤1 扣上扣子。	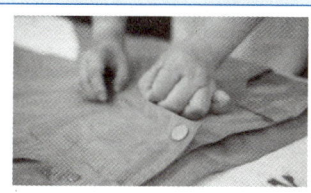 步骤2 拉上拉链。
 步骤3 从裤裆处将两条裤腿对折。	 步骤4 整理并抚平。

操作步骤	
	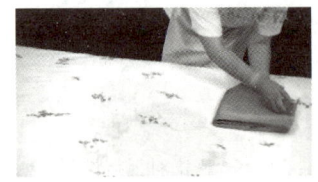
步骤 5	步骤 6
从裤腿到裤腰对折。	再次对折，整理抚平即可。

扫码看视频

折叠其他裤型的裤子

（4）折叠棉被操作实例

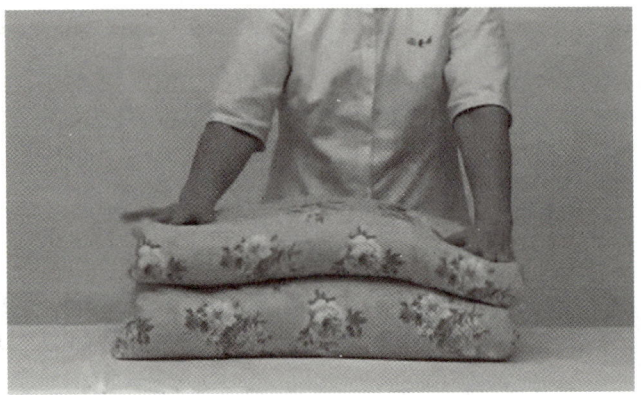

操作步骤	
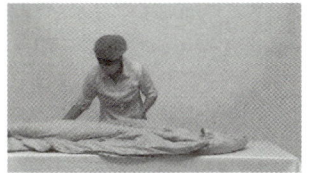 步骤 1 将棉被整理、平铺在桌面或床面上。	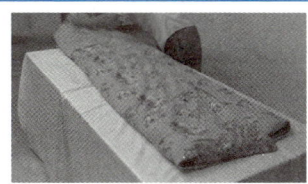 步骤 2 将棉被沿长边从两边分别向中间折。
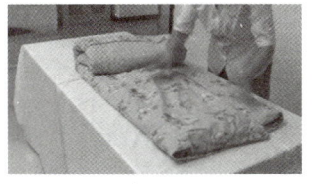 步骤 3 从棉被两端分别折（卷）向中间。	 步骤 4 将棉被再次对折成方块状，整理压平即可。

扫码看视频

折叠棉被

2. 整理

在日常生活中，家务服务人员整理衣物时需要遵循内衣归内衣、上衣归上衣、衬衫归衬衫、裤子归裤子、裙子归裙子的要求，再按照衣服的形状加以分类，如 T 恤归于一叠，男衬衫归于一叠，西服、大衣、长裙以挂着为宜，袜子及内衣、内裤可用小抽屉收纳。

按季节分类	◎ 按季节整理内衣、外衣、裙、裤、配饰等，并按照衣柜的主、次位置，将当季的衣服放在低处或便于拿取的位置，其他季节的衣物则放在高处或拿取较不便的位置。
高效利用收纳空间	◎ 根据家庭储存条件，以及衣物的款式和类型合理地分配收纳空间。如内含吊衣杆的大衣柜，其上面可挂一些需要挂起的衣物，下面多余的空间可放置折叠衣物，如T恤、毛衣等。 ◎ 五斗柜最易做到分类存放，可按家庭人员、季节存放衣物；抽屉可用于放置领带、内衣等小物件。
存放有序	◎ 吊挂服装。如女套装的收纳，宜内吊裙、外吊衣，将同一套衣服挂在同一个衣架上。 ◎ 男西装及女性两件式衣裤或衣裙按照套装的收纳方式挂在同一衣架上。同款的服装为方便寻找，应尽量放在一起，用不同颜色的衣架来区分，效果会更好。 ◎ 衣物最好向同一方向悬挂，以确保整齐、不凌乱。面料佳、有亮片、怕钩纱的衣物在吊挂时不要挂得太密，以免衣物因挤压而变形或受损。 ◎ 对于折叠衣物，应将每件衣物尽可能折出同样大小的尺寸，同时将平整的一面朝外，这样，衣物不仅看起来整齐，也能更有效地节省收纳的空间。

三、衣物的存放及防霉防蛀

1. 衣物的存放

收纳存放衣物时，不仅要保护好衣形，使其不变形走样或者出现褶皱，还要最大限度地节约空间。按照衣物的不同要求，存放方法可分为折叠存放、悬挂存放和压缩存放。

（1）折叠存放

箱柜内的衣物都是折叠存放的。适宜折叠存放的衣物主要有各种内衣、毛衣、床单、被面、被套和工作服，以及对褶皱要求不高的其他衣物。

（2）悬挂存放

悬挂存放是指利用衣橱把衣服用衣架挂起来进行存放。这种方法主要针对不允许有褶痕，并且难以通过熨烫等手段来消除褶痕的服装，如各种皮衣、精纺呢绒大衣、西服及其他各种高档服装。

(3) 压缩存放

压缩存放是指利用抽气压缩袋把需要存放的衣物中的空气抽尽，压缩体积，以便于存放。衣物经过抽气压缩后会产生许多密集的褶皱，消除压缩后褶皱也很难完全被清除，所以压缩存放只适用于对褶皱没有要求的衣物，一般用来存放棉被等厚重物品。

注意事项

※ 衣物要清洁干净。穿过的衣物都会受到外界及人体分泌物的污染，如不及时清洁，污染物长时间黏附在衣物上，就会慢慢渗透到织物纤维内部，最终难以清除。

※ 橱柜要清洁干净。收纳衣物的橱柜要保持干净，没有异物及灰尘，并定期进行消毒灭菌，以免污染衣服。

※ 存放空间要干燥。收纳存放衣物的空间应通风干燥，要设法降低空气湿度，避开潮湿和有挥发性气体的地方，防止异味气体污染衣物。

※ 存放前要将衣物晾干。如果把没有干透的衣物收纳存放，不仅会影响衣物自身的收纳效果，同时也会降低整个衣物收藏存放空间的干燥度。

※ 适时通风和晾晒。衣物在收纳存放期间要适时地进行通风和晾晒。尤其是在梅雨季节和潮湿天气后，更要注意通风与晾晒。

※ 棉、麻、丝、毛服装易招虫蛀和霉变，除了要保持服装的清洁和干燥外，还需使用各种防霉、防蛀药，以防止虫蛀。

※ 保护衣形。外观上平整、挺括的服装会给人以很强的立体感、舒适感。因此，在收纳存放服装时，一定要将衣形保护好，不能使其变形走样或出现褶皱。

※ 分类存放。棉、毛、丝、麻、化纤等不同质地的服装要分类存放，内衣内裤、外衣外裤、防寒服、工作服等用途不同的服装也要分类存放，不同颜色的服装同样应做到分类存放。

2. 衣物的防霉防蛀

认真清洗

衣物中的污物是霉菌、虫卵赖以生存的重要条件，因此，防霉防蛀的关键是将衣物洗涤干净。高档衣物清洗时还需仔细检查其是否有污渍，如有污渍就必须用去污剂或其他溶剂彻底清除，必要时需送到专业干洗店处理。

彻底晾晒

潮湿天气会使衣物中的水分增多，导致真菌或虫卵大量繁殖及生长，从而使衣物发霉或虫蛀。因此，衣物晾晒要避开潮湿天气，尽量选择晴好、干燥的天气。不同衣物晾晒的时间略有差异，真丝、毛料、麻类等高档衣物可在夏季上午10时以前或下午3时以后晾晒，并在衣物上遮盖一层白布，以避免阳光暴晒；浅色衣物或棉毛衫裤等可在上午10时与下午3时之间进行晾晒。晾晒后的衣物必须在通风处"吹"1～2个小时，待衣物的温度下降后再放入箱柜存放。

防霉防蛀

衣物防霉防蛀应使用不含萘成分的樟脑丸、防霉防蛀片剂或喷雾剂。一般情况下，防霉防蛀药物不能与衣物直接接触，要用干净透气的白纸或白布包好，放在服装的口袋、箱柜的四角，或吊挂在衣橱的四角，让药物气体弥漫在橱柜内，达到驱杀霉菌、蛀虫的目的。

注意事项

※ 水分是真菌和虫卵生长的有利条件，因此在梅雨季节或其他潮湿季节应尽可能少开储物箱柜的门，以免吸湿性较强的棉、麻、丝、毛等织物霉变。

※ 储存裘皮类服装时，应在其表面盖上干净的白布，每隔 1～2 个月在通风处晾晒，进行透气保养。

※ 棉毛衫裤或其他可叠放的衣物不宜装在塑料袋中存放，应该使用透气的棉布将其包起来，以免衣物中的湿气集聚，引起霉变或遭到虫蛀。

※ 若防霉防蛀剂用量过多，或者直接与衣物接触，时间长了会加快织物老化，影响衣物的使用寿命，有的甚至还会造成污斑，导致白色、浅色衣物泛黄，深色衣物褪色。化纤衣物不易虫蛀，注意不要与樟脑丸直接接触，否则会发生化学反应，损伤衣物面料。

模块 四
清洁家居

家·务·服·务

学习单元一　清洁居室

一、清洁门窗与玻璃

1. 清洁门

门的材质不同，其清洁方法也有所区别，具体内容见表 4-1。

表 4-1　门的清洁方法

类型	清洁方法
木门	◎ 直接用干净的湿抹布擦拭门框和门面，以去除灰尘 ◎ 门上有油污时，须先将清洁剂喷在门上或用抹布蘸清洁剂进行擦拭，待污渍去除后，再用干净的干抹布擦干 ◎ 高档的木门可以喷涂亮洁剂后再擦拭一遍，以保持门的光亮
金属及塑钢制品门	◎ 用湿抹布去除门上的灰尘，再用干净的干抹布将门擦干，以免生锈

操作实例

清洁木门

操作准备	
抹布	清洁剂

操作步骤

 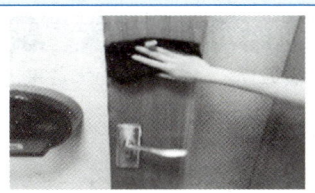

步骤1 — 将干净的抹布用清水打湿。

步骤2 — 没有油污的木门直接用拧干水分的湿抹布擦拭干净即可。

步骤3 — 有油污的木门可用蘸清洁剂的湿抹布擦拭。

步骤4 — 油污擦拭干净后,先将抹布清洗干净并拧干水分,再用抹布将门彻底擦拭干净。

注意事项

严禁用水冲洗木门门体,也不能将有水的抹布长时间放置在门表面上,以免木门受潮变形。

2. 清洁窗户

窗户的各部位有其不同的清洁方法,具体内容见表4-2。

表4-2 窗户的清洁方法

窗的结构	清洁方法
窗槽	先清除槽内杂物,用小毛刷去除槽内灰尘,再用湿抹布擦拭
窗框、窗台	用湿抹布擦去污渍、灰尘即可,污渍严重或有油污的地方可喷上清洁剂再擦拭

续表

窗的结构	清洁方法
玻璃面	用双面擦或玻璃刮擦拭，也可以用抹布擦拭
纱窗	将纱窗卸下，拂去灰尘后直接用水冲洗，油污较重的可用兑好的清洁剂溶液进行刷洗，再用清水冲净、擦干

操作实例

清洁窗户

操作准备

鸡毛掸子	干抹布	湿抹布
伸缩杆	双面玻璃擦	玻璃清洁剂
小毛刷	—	—

操作步骤		

 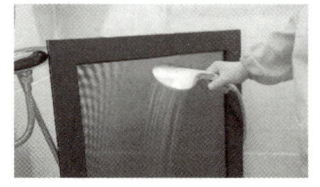

步骤1　　　　　　　　　　　　步骤2
取下纱窗，用鸡毛掸子掸去纱窗上的浮尘。　　用水冲洗纱窗，并用干抹布擦干。

步骤3　　　　　　　　　　　　步骤4
用鸡毛掸子从上至下，将窗户表面的积尘清扫干净。　　用湿抹布从上至下，擦洗窗户的边角框架，并用干抹布擦干。

操作步骤	
 步骤 5 将拧干水分的湿抹布放在伸缩杆上，从上至下擦拭玻璃表面。	 步骤 6 将玻璃清洁剂均匀地喷洒在玻璃表面，用双面玻璃擦从上到下以弧形方式刮擦玻璃。
 步骤 7 用小毛刷将窗槽内的灰尘清除，并用湿抹布擦拭干净。	 步骤 8 将清洗擦干后的纱窗放回原处即可。

注意事项

1. 擦拭窗户时，不能将水迹、污迹留在窗户上，要做到窗户明亮。
2. 擦拭窗户玻璃时要注意高空安全。

扫码看视频

清洁窗户

3. 清洁玻璃制品

玻璃制品类型多样，不同玻璃制品的清洁方法各不相同，具体见表4-3。

表4-3 玻璃制品的清洁方法

玻璃制品类型	清洁方法
玻璃器皿	◎ 擦拭细长的玻璃杯时，可用长柄杯刷清洁杯壁与杯子底部的污垢 ◎ 擦拭雕花玻璃杯时，可用牙刷蘸盐和醋的混合液，或蘸苏打粉、牙膏刷洗 ◎ 清洗玻璃杯上的油渍时，可先涂上一层醋，油渍浸软后，即可用抹布擦去 ◎ 婴儿的奶瓶或盛牛奶的杯子可用食盐水清洗
玻璃桌面	◎ 用喷水壶将清水（玻璃清洁剂或玻璃水）均匀地喷洒在玻璃桌面上，用湿毛巾清洁，再用干毛巾擦干，或直接用玻璃刮水器刮净水渍即可
玻璃镜面	◎ 用抹布蘸取稀释后的玻璃清洁剂，自上而下反复擦拭，然后用湿毛巾擦洗干净后，再用干毛巾擦干水分，或用刮水器刮去水分即可

操作实例

清洁玻璃镜面

操作准备

手套	玻璃清洁剂	湿抹布
刮水器	干抹布	—

操作步骤

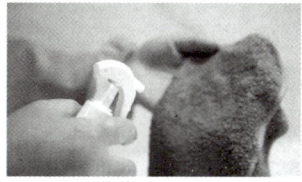

步骤 1
将玻璃清洁剂喷洒在湿抹布上,然后用湿抹布自上而下地擦拭玻璃。

步骤 2
将湿抹布浸入清水漂洗干净,用湿抹布将镜面擦拭干净。

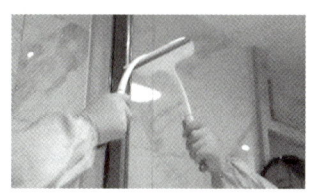

步骤 3
利用刮水器自上而下刮去镜面上的水分。

步骤 4
用干抹布擦干流到镜框的水。

注意事项
在使用玻璃清洁剂时,要避开镜框或铜制零部件,避免不必要的损坏。

扫码看视频

清洁玻璃镜面

二、清洁居室墙面

1. 墙面材质分类（见表4-4）

表4-4 墙面材质分类

装饰材料	详细类型
墙面涂料	墙面漆、有机涂料、无机涂料等
墙面砖	陶瓷釉面砖、陶瓷墙面砖、陶瓷锦砖、玻璃马赛克等
壁纸	PVC胶面壁纸、纯纸质壁纸、纯天然材质壁纸、无纺布壁纸
装饰板	木质装饰人造板、塑料装饰板、金属装饰板、矿物装饰板、陶瓷装饰壁画等
石饰面板	天然大理石饰面板、天然花岗石饰面板、人造大理石饰面板

2. 清洁涂料类墙面

涂料类墙面是使用涂料进行装饰的墙面，其表面有一层薄薄的涂层，具有良好的耐碱性、耐水性、耐擦性、耐粉化性和透气性，可以起到保护、装饰墙面的作用。

操作实例

清洁涂料类墙面

操作准备

鸡毛掸子	吸尘器	海绵百洁布
清洁剂	湿毛巾	—

操作步骤	
 步骤1 用鸡毛掸子清除涂料墙角处的灰尘。	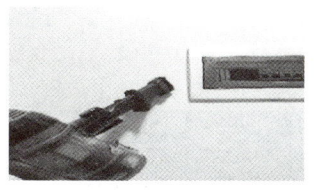 步骤2 用吸尘器吸去涂料墙表面的灰尘。
 步骤3 用海绵百洁布轻轻擦拭受污处，污染严重的可蘸少量清洁剂擦拭。	 步骤4 将干净的湿毛巾拧干水分后，彻底擦拭干净墙面。

注意事项

1. 涂料类墙面有脏污要及时擦除，耐水墙面可将抹布拧干后擦洗，不耐水墙面可用橡皮擦拭。
2. 由于涂料类墙面时间久了黏附力会下降，表皮层容易起皱，所以清洁时不要用力过猛，以免掉皮。

3. 清洁瓷砖类墙面

瓷砖类墙面具有防火防潮、不易损害、易清洗保洁等特点，主要用于厨房和卫生间。

家·务·服·务

操作实例

清洁瓷砖类墙面

操作准备		
手套	洗洁精	铲刀
封条带	小刷子	抹布
拖把	—	—

操作步骤

步骤 1

准备两桶水,一桶清水,一桶水中加入少量洗洁精。

步骤 2

用铲刀轻轻刮掉墙面的污渍。

步骤 3

将墙上的插座和开关用封条带封好。

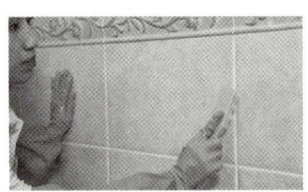

步骤 4

用小刷子将瓷砖缝中的污渍去除。

操作步骤	
	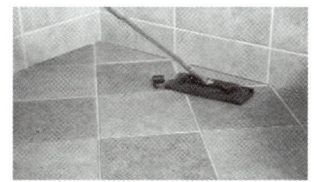
步骤 5	步骤 6
把抹布浸入有洗洁精的水桶中，拧干后沿着墙壁横向、从上至下来回擦拭。	将干净的抹布用清水浸湿后，把墙面彻底清抹两遍，最后用拖把拖干净地面。

注意事项
1. 用铲刀刮除瓷砖表面的污垢时，铲刀要贴紧墙壁，以防刮花墙面。
2. 严禁使用强碱、强酸类除污清洁剂清洁墙面，以免损坏瓷砖表面光泽。

扫码看视频

清洁瓷砖类墙面

4. 清洁壁纸类墙面

墙面壁纸根据材质和加工工艺的不同，可分为 PVC 胶面壁纸、纯纸质壁纸、纯天然材质壁纸和无纺布壁纸等，壁纸材质不同，其清洁方法也不同，具体清洁方法见表 4-5。

表 4-5 墙面壁纸的清洁方法

壁纸种类	清洁方法
PVC胶面壁纸	◎ 壁纸表面灰尘直接用吸尘器或鸡毛掸子去除即可
	◎ 清洁 PVC 胶面壁纸时，不宜用温水，用清水清洁的时候要注意尽可能将抹布拧干
纯纸质壁纸	◎ 避免使用水或湿布擦拭，以免造成壁纸损坏或起泡
	◎ 对于顽固污渍，可以使用橡皮擦轻轻擦拭，或者用柔软的布蘸上清洁剂后拧干，在污渍处轻擦
	◎ 清洁后，可以将湿布拧干水分后擦拭一遍，再用干布擦干，防止出现水印
纯天然材质壁纸	◎ 用半干的抹布擦拭，不要将水直接洒在壁纸表面，也不要使用海绵或刷子等过于粗糙的清洁工具，以免损坏壁纸
	◎ 对于污渍，可以使用软布或海绵蘸取温水和温和的清洁剂，轻轻擦拭
	◎ 清洁后，可以使用干净的湿布擦拭一遍，再用干布擦干，防止出现水印
无纺布壁纸	◎ 使用吸尘器或鸡毛掸子清理表面灰尘
	◎ 用软布蘸水拧干后轻轻擦拭，即可去除普通污渍
	◎ 对于顽固污渍，可使用专用清洁剂喷在污渍表面，稍等片刻后用湿毛巾轻轻擦拭。如果污渍较重，可重复以上步骤，直到污渍去除

操作实例

清洁壁纸类墙面

操作准备

手套	吸尘器	鸡毛掸子
湿抹布、吸水抹布	海绵百洁布	清洁剂

操作步骤

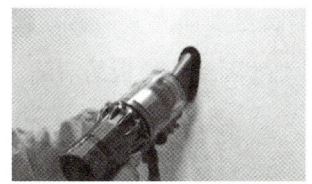

步骤 1
用吸尘器清除墙面上的灰尘。

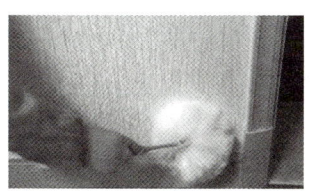

步骤 2
用鸡毛掸子掸去墙壁死角处的灰尘。

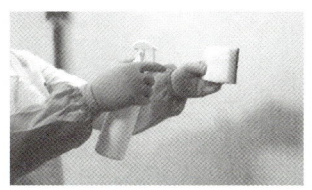

步骤 3
用微温、微湿的抹布轻擦墙面，污垢处可用蘸有清洁剂的海绵百洁布擦拭。

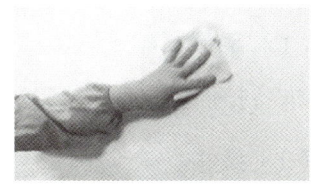

步骤 4
污垢去除后再用微湿抹布擦一遍，最后用吸水抹布擦干潮湿的表面。

注意事项

壁纸类墙面最好用浅色抹布擦拭，不要用有污渍或深色的毛巾进行擦拭，以免污染墙面。

扫码看视频

清洁壁纸类墙面

三、清洁居室地面

居室地面按材质不同,可分为地板砖类地面、木地板、石材地面、地毯等,下面讲述最常见的地板砖类地面和木地板的清洁。

1. 清洁地板砖类地面

地板砖是家庭装修的主要材料之一,在厨房和卫生间等处的使用最为广泛。地板砖类地面相较于其他类型地面来说,其抗污能力最强,但污渍一旦渗入则很难清洁,因此地板砖类地面应经常清理。

(1)操作准备

准备扫帚、拖布、地砖清洁剂等。

(2)操作步骤

1)先用扫帚或吸尘器将地面污物清理干净。

2)用湿拖布按从里到外,从边角到中间,从桌下、床底到较大地面的清洁顺序反复进行擦拭。

3)有严重污垢或油污的地方,可先用地砖清洁剂进行清洁,再用湿拖布将其擦拭干净。

4)用干拖布将地面擦干,以防滑倒。

注意事项

※ 砖与砖的缝隙处可不定期地用去污膏去除污垢,再在缝隙处刷一层防水剂防止霉菌生长。

※ 拖地过程中应随时将黏附于拖把头上的头发等杂物清理干净。拖擦后,拖把应放入水桶中拎走,不得将其悬空提走,以免留下污水滴痕。

2. 清洁实木地板和复合木地板

实木地板是现代家居地面装饰中使用较多的材料之一，具有脚感舒适、使用安全等特点，是卧室、客厅、书房等地面装修的理想材料。复合木地板又称强化木地板，是使用中密度人造板或者高密度人造板经过模压、覆膜、裁边、裁接口等工序制造而成的地面装饰材料。

无论是实木地板还是复合木地板，在日常清洁时，都应注意防水、防潮、防火。

（1）操作准备

准备地板清洁剂、牙膏、抹布、旧牙刷、拖布、吸尘器等。

（2）操作步骤

1）用吸尘器将尘土、杂物清理干净。

2）用半干拖布按照从里到外、从边角到中间的清洁顺序进行擦拭。对有严重污渍的地方，应先用地板清洁剂进行擦拭，再用湿抹布擦净。地板缝或墙角等不易清理的地方，可以用旧牙刷直接蘸地板清洁剂进行刷洗，也可以用抹布蘸地板清洁剂擦拭地面。

3）木地板类地面如出现划痕，可在划痕处涂抹牙膏，再用干抹布擦拭即可修复。

注意事项

※ 保持地板干燥清洁，不宜用湿拖布拖或直接用水清洗地板。
※ 不定期地对实木地板表面进行打蜡护理，涂抹地板精油。
※ 在清洁过程中，如需移动家具，不可直接拖拉，而应抬起家具移动，以免造成地面划伤。

※ 雨季要关好窗户，以免飘雨浸湿地板。也要防止强烈持久的阳光暴晒或高温人工光源的长时间炙烤，以免地板表面提前干裂和老化。

※ 注意室内的通风，散发室内的湿气，保持正常的室温，延长地板的使用寿命。

学习单元二　清洁家居用品

一、清洁厨具、灶具、餐饮用具

1. 清洁厨具

（1）清洁橱柜

橱柜主要用于存放炊具、餐具及烹饪用品，长期使用会使橱柜表面沾上油污、灰尘和污渍等，不仅影响美观，还可能滋生细菌。

操作实例

清洁橱柜

操作准备

手套	抹布	清洁剂
白醋	茶叶	葱段

操作技巧	
 技巧 1 每日用干净的抹布擦拭橱柜的表层和隔层。	 技巧 2 定期用清洁剂对橱柜内的物品进行彻底清洁。
 技巧 3 用干净抹布蘸白醋，擦拭橱柜，晾干后即可去除异味。	 技巧 4 将盛有茶叶或葱段的盘子放入橱柜隔层，可以去除橱柜臭味。

注意事项

如果隔层上有垫纸，垫纸应经常更换。橱柜用久了有异味时，可放些木炭包在橱角，不但能去除异味，还能吸收橱柜里的湿气。

扫码看视频

清洁橱柜

（2）清洁水池

　　厨房水池会接触到各种食材和清洗用品，容易沾染油污和细菌，不经常清洁会对食品安全和卫生造成潜在风险。

操作实例

清洁水池

操作准备

海绵百洁布	洗洁精	干抹布

操作步骤

步骤 1
打开水龙头，先用流动的清水冲洗水池表面，将表面的污垢和杂质冲洗干净。

步骤 2
用海绵百洁布蘸取洗洁精轻轻擦拭水池表面，尤其是水池的边缘和底部。

步骤 3
清洗完毕后，用清水冲洗干净，确保没有清洁剂或残留物留在水池内。

步骤 4
用干净的干抹布擦干水池表面，尤其是水龙头和水池的边缘，确保没有水渍残留。

注意事项

避免使用钢丝球等尖锐工具擦拭水池表面，以免留下划痕。

(3) 清洁菜板

为了保障食品安全和卫生，使用完菜板后，应及时对菜板进行清洁。常见菜板的清洁方法见表 4-6。

表 4-6 常见菜板的清洁方法

菜板类型	清洁方法
木质菜板	◎ 使用硬刷沿着木纹方向轻轻刷洗菜板表面，将食物残渣和污渍刷掉。注意不要使用铁刷子，以免损坏菜板 ◎ 不要使用洗洁精，否则洗洁精会渗入菜板内，长期使用会导致菜板霉烂 ◎ 使用热水冲洗刷洗过的菜板，确保两面都冲洗干净 ◎ 洗完后，建议将菜板吊挂，去除水分，保持菜板干燥
塑料菜板	◎ 使用海绵百洁布蘸取洗洁精和水清洗塑料菜板，注意不要使用高温水或高压水流清洗，并且不要将塑料菜板长时间浸泡在水中 ◎ 洗完后，将塑料菜板放在通风处风干，避免阳光直射
竹制菜板	◎ 将食盐、小苏打和漂白粉混合成洗涤剂，用海绵百洁布蘸取混合剂刷洗 ◎ 用清水冲洗干净刷洗过的菜板，注意确保每个角落都冲洗干净 ◎ 把菜板竖起来，放在通风良好的地方风干，避免阳光直射

操作实例

清洁塑料菜板

操作准备

| 海绵百洁布 | 洗洁精 | 干抹布 |

| 操作步骤 |

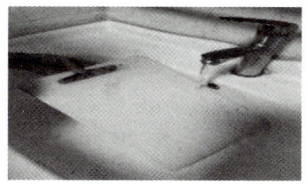

步骤 1
先用清水冲洗菜板上的残留物。

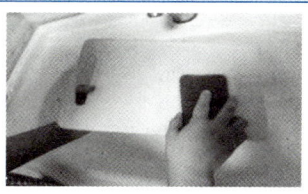

步骤 2
用海绵百洁布蘸少量洗洁精擦洗菜板。

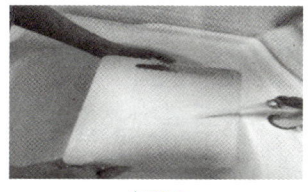

步骤 3
用清水冲洗干净洗洁精残留。

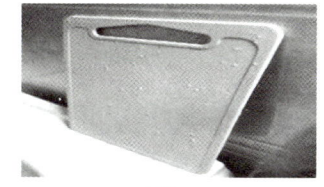

步骤 4
用干净的干抹布擦干水分,并将菜板立起来,待其自然风干。

注意事项

在清洗完毕后,一定要用干抹布擦干净附着在菜板上的水分,保持菜板的干燥才不容易滋生细菌。

(4)清洁配料器皿

油瓶及调料、配料器皿等长期摆放在灶台边上,会有很多油渍污垢,需要定期清洗。

操作实例

清洁器皿

操作准备

温水	小苏打	海绵百洁布
杯刷	洗洁精	薄绵纸

操作步骤	
 步骤 1 准备温水，并在温水中加入小苏打。	 步骤 2 将配料器皿浸泡在小苏打水中，静置20～30分钟。
 步骤 3 用海绵百洁布擦拭配料器皿。	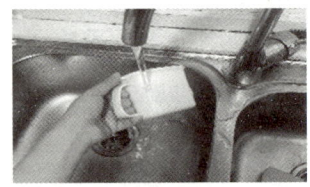 步骤 4 最后用清水将器皿冲洗干净，晾干即可。

注意事项

1. 如果油瓶内油垢较厚且有异味，可用杯刷蘸洗洁精刷洗，再用清水冲洗干净，然后晾干。
2. 擦洗有印花图案的玻璃器皿时，可以用薄绵纸，不能用洗洁精清洗，以免腐蚀器皿上的印花图案。

（5）清洁锅具

清洁锅具可以去除杂质，提高烹饪质量和口感，同时也有利于延长锅具的使用寿命。常见锅具的清洁方法见表4–7。

表 4-7 常见锅具的清洁方法

锅具种类	清洁方法
铁锅	◎ 使用温水冲洗铁锅的内部和外部，以去除表面的杂质和残渣。不要使用肥皂或洗洁精清洗，以免破坏铁锅的油层 ◎ 清洗完成后，用干净的毛巾或厨房用纸彻底擦干铁锅的表面，防止锈蚀 ◎ 生锈的铁锅可用食醋擦拭，然后用清水洗净 ◎ 如果铁锅内有铁锈味，可以先用火烧空锅，然后加入热水和土豆皮或番茄皮煮一会儿，锈味即可除去 ◎ 如果铁锅内有鱼腥味，可以在锅内加水并放些菜叶一起煮开，倒掉水冲净即可去除鱼腥味
不锈钢锅	◎ 温水中加入少量洗洁精，用海绵百洁布或软布轻轻擦拭锅的内部和外部，再用清水彻底冲洗，确保所有洗洁精都被清洗干净 ◎ 清洗完成后，用干净的毛巾或厨房用纸将不锈钢锅彻底擦干 ◎ 避免使用过于粗糙的刷子，以免刮伤表面 ◎ 把白醋和水按 1∶1 的比例混合，倒入锅中并加热，倒掉液体，用海绵百洁布擦拭锅底，去除锅底水垢
不粘锅	◎ 避免使用金属刷子或钢丝球清洁，以免刮伤涂层 ◎ 如果食物残渣难以清除，可以加入少量洗洁精，并用软布或海绵百洁布轻轻擦拭 ◎ 清洗完成后，用清水彻底冲洗，确保所有洗洁精都被清洗干净，并用干净的毛巾或厨房用纸擦干
铝锅	◎ 用温水轻轻冲洗铝锅的内部和外部，去除表面的杂质和残渣，再用软布或海绵百洁布蘸少量洗洁精轻轻擦拭铝锅的表面 ◎ 如果铝锅出现氧化，可以将柠檬汁或白醋涂抹在氧化部分，然后用海绵百洁布轻轻擦拭 ◎ 清洗完成后，用清水彻底冲洗铝锅，确保没有洗洁精残留

家·务·服·务

操作实例

清洁铁锅

操作准备

| 温水 | 湿抹布 | 干抹布 |

操作步骤

步骤 1

用温水冲洗干净锅具表面的残渣和杂质。

步骤 2

用湿抹布轻轻擦拭干净锅具的表面。

步骤 3

用清水冲净锅具。

步骤 4

用干抹布将锅具擦干,避免水分残留。

注意事项

1. 清洗铁锅时,不能使用钢丝球等尖硬物体,以免损坏锅壁。
2. 清洗完铁锅后,必须擦干锅内壁残留水分,避免生锈。

2. 清洁灶具

灶具主要包括燃气灶、油烟机等。灶具使用一段时间后,会留下厚厚的油渍，需要经常清洗。

（1）清洁燃气灶操作实例

操作准备		
锅	洗洁精	牙签
海绵百洁布	抹布	—

操作步骤

步骤1

清洗火架。对于油污严重的火架，可在锅里放水，倒入洗洁精，把火架放进锅里煮，水热后顽垢会自动分解脱落。

步骤2

关闭燃气阀门。

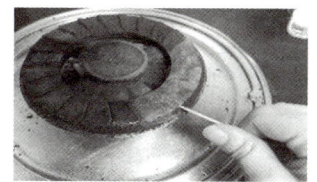

步骤3

用牙签清理火架的出气孔。

步骤4

在灶台上喷上洗洁精，用海绵百洁布沿着同一方向擦拭，最后将抹布用清水清洗干净，再擦拭一遍灶台即可。

注意事项

清洁燃气灶台时，要关闭燃气阀门，防止在清洗过程中出现燃气泄漏的情况。同时，等待燃气灶冷却后再进行清洗，避免被烫伤。

（2）清洁油烟机操作实例

操作准备		
手套	旋具	油污清洁剂
海绵百洁布	抹布	钢丝球

操作步骤	
 步骤1 用旋具将油杯及网罩拆卸下来。	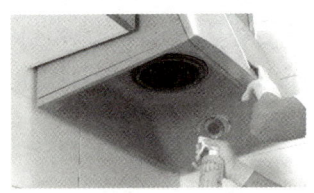 步骤2 低速开启油烟机，对准叶轮及四周连续喷射油污清洁剂。
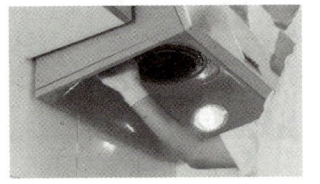 步骤3 用海绵百洁布及抹布擦净叶轮四周。	 步骤4 在油烟机表面喷射油污清洁剂，并用海绵百洁布和抹布擦净。

操作步骤	
 步骤 5 将油污清洁剂喷在网罩及油杯上，用钢丝球进行刷洗，并用抹布擦净。	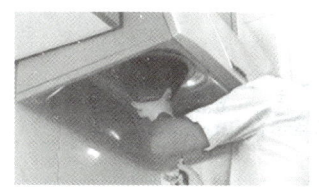 步骤 6 将清洁完毕的油杯及网罩安装复位即可。

注意事项

1. 清洁油烟机时，必须先切断电源，确保人身安全。
2. 油烟机内机清洗比较复杂，拆卸和安装容易出现问题，需要请专业人员操作。

扫码看视频

清洁油烟机

3. 清洁餐饮用具

餐饮用具主要包括碗碟、茶杯、筷子、汤勺、刀叉等。一般餐饮用具可直接用清水冲洗干净，对于油渍较多的餐饮用具，可在洗碗布上滴少许洗洁精，逐个擦洗，然后用清水冲净。

家·务·服·务

操作实例

清洁碗碟

操作准备

温水	洗洁精	洗碗布

操作步骤

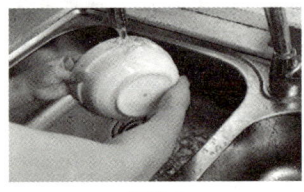

步骤 1

用温水冲洗碗碟，去除碗碟表面的食物残渣。

步骤 2

用蘸有少量洗洁精的洗碗布擦拭碗碟内外表面。

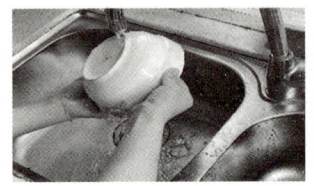

步骤 3

用清水冲洗碗碟，直至洗洁精被彻底冲洗干净。

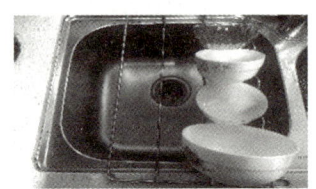

步骤 4

将碗碟放在滤架上，以晾干水分。

注意事项

1. 清洗碗碟时要注意先清洗不带油的，再清洗带油的；先洗小件，后洗大件。
2. 儿童和病人尤其是患有传染性疾病病人的餐具，应单独洗涤码放。
3. 存放超过一周的餐具，再用时应当进行清洗处理。

> **小贴士**
>
> ※ 对于装过牛奶、面糊、鸡蛋的餐饮用具，先用冷水泡后再用热水洗效果较好；蒸炖鸡蛋后的餐饮用具，可先在碗里放一点食盐，然后再擦洗，餐饮用具上的蛋迹就很容易去掉。蒸蛋碗、煮粥锅、焖饭锅或煮牛奶的锅，也可用椰子外壳的横断面在附有食物残渣的部分用力反复蹭刷，即可刷干净。
>
> ※ 对于发黑的不锈钢和镀铬餐饮用具，可用软布蘸上去污粉或者洗洁精揩擦发黑部位；对于硬水造成的不锈钢餐饮用具上的白斑，可用抹布蘸上食醋擦洗。
>
> ※ 对于塑料餐饮用具表面的污垢，可在温水中加一些洗涤剂，再用海绵百洁布擦洗；如污垢较严重，可用布蘸醋水擦洗，但不能用去污粉，以免磨掉其表面光泽。

二、清洁家用电器

家用电器包括冰箱、微波炉、洗衣机、消毒柜等。清洁家用电器时，应注意先切断电源，以防触电。

1. 清洁冰箱操作实例

操作准备

手套	湿抹布	冰箱清洁剂
干抹布	醋	软毛刷

操作步骤

步骤 1

切断冰箱电源。

步骤 2

将冰箱内的食物取出。

步骤 3

将冰箱冷藏室和冷冻室内的搁架、果蔬盒、抽屉等取出。

步骤 4

用清水冲洗冰箱附件,再用湿抹布蘸取冰箱清洁剂进行擦拭,再用清水冲洗干净,并用干抹布擦干或自然晾干。

步骤 5

用湿抹布蘸上清水或冰箱清洁剂轻轻擦拭干净冰箱内壁。

步骤 6

将湿抹布拧得干一些,清洁冰箱内壁、开关、照明灯和温控器等设施。

操作步骤

步骤 7
用 1∶1 的醋水擦拭冰箱门封条。

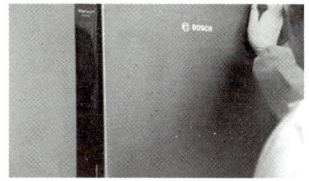

步骤 8
用微湿、柔软的湿抹布擦拭冰箱外壳和门体,油渍多的地方可蘸冰箱清洁剂擦洗。

步骤 9
清洁完毕后,插上冰箱电源。检查冰箱运作是否正常,温度控制器是否设定正确。

步骤 10
将冰箱附件和食物放回冰箱内。

注意事项

1. 冰箱背面的通风栅应该用软毛刷清理,并用干抹布擦拭干净。
2. 建议最好每两周清洗一次冰箱,或至少每月清空一次冰箱,将过期、坏掉、不宜再存放的食物丢弃,并彻底清洗冰箱。
3. 食物从冰箱里面拿出来以后,可以统一放在一个大盆子里或者厨房的台子上,如果天气热,可以找一块厚布把食物盖起来。

扫码看视频

清洁冰箱

2. 清洁微波炉操作实例

操作准备

手套	湿抹布	温水
清洁剂	干抹布	—

操作步骤

步骤 1

切断微波炉电源。

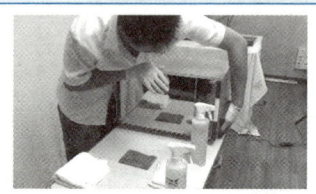

步骤 2

用湿抹布蘸温水擦洗微波炉四周，油污严重的可以蘸清洁剂后擦洗。

步骤 3

打开炉门，用湿抹布蘸清洁剂清洁炉膛内壁、旋转盘。

步骤 4

用干净的干抹布擦净炉膛内壁、旋转盘和微波炉四周。

注意事项

1. 清洁微波炉时切忌使用金属刷，以免划伤微波炉内部表面。
2. 如果玻璃转盘和轴环是热的，需待其冷却后再进行清洁。

扫码看视频

清洁微波炉

3. 清洁洗衣机操作实例

操作准备

干抹布	洗衣机槽清洁剂	—

操作步骤

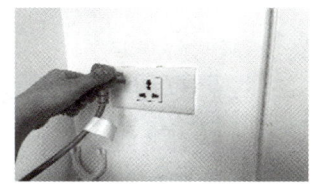

步骤 1
拔下洗衣机电源插头，关闭水龙头。

步骤 2
用干抹布擦干洗衣机外表层残留的水迹，并将操作面板上各处的按钮、按键恢复原位。

步骤 3
用干抹布擦干洗衣机密封圈中残留的水渍。

步骤 4
每3个月清洁一次洗衣机内筒。有自洁功能的洗衣机，可以将水量调至最高，并放入适量洗衣机槽清洁剂，开启"筒自洁"程序进行清洁；没有自洁功能的洗衣机，放入适量洗衣机槽清洁剂后，选择主洗程序，运转5分钟后浸泡1个小时，然后按洗衣机日常洗涤标准模式"洗涤—漂洗—脱水"清洗一遍即可。

注意事项

1. 波轮式洗衣机用过以后,要用干抹布将其内部的水擦干;滚筒式洗衣机要把镶嵌在门口的垫圈中的水擦干,以免滋生霉菌。
2. 波轮式洗衣机要定期清洗洗衣机内筒的过滤网,滚筒式洗衣机要定期清洗洗衣机的排污口。

4. 清洁消毒柜操作实例

操作准备		
海绵百洁布	油污清洁剂	湿抹布
干抹布	—	—

操作步骤	

步骤1

切断消毒柜电源,将柜体下端集水盒中的水倒出并洗净。

步骤2

用海绵百洁布擦拭消毒柜内外表面,如果有污垢,可以在消毒柜表面喷上油污清洁剂后用海绵百洁布擦洗。

步骤3

用干净的湿抹布将油污清洁剂擦洗干净,并用干净的干抹布擦干消毒柜内外的水分。

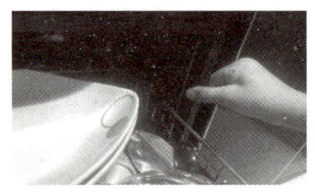

步骤4

检查柜门封条是否清洁和密封良好,以免热量散失或臭氧溢出。

注意事项
1. 清洁消毒柜时，应注意不要撞击加热管或臭氧发生器。
2. 餐具入柜前须抹干，以免水滴到消毒柜内，导致生锈或影响消毒柜的使用寿命。

三、清洁家具

1. 清洁原木家具

原木家具是指使用天然木材制作而成的家具，其清洁方法见表4-8。

表4-8 原木家具的清洁方法

目的	具体方法
去浮灰	◎ 用鸡毛掸子扫除表面灰尘或用拧干水分的湿抹布擦拭干净 ◎ 原木家具上的雕花装饰要用软毛刷、细布条或微型吸尘器进行清洁
去油污	◎ 用抹布蘸茶水擦拭原木家具表面油污，也可将玉米粉撒在油污处，用干抹布反复擦拭
去水渍	◎ 将湿布盖在水渍上，用温热的熨斗小心地按压湿布数次，直至水渍中的水分蒸发出来
去烫痕	◎ 家具表面出现的白色烫痕一般只要及时擦抹就可除去，若烫痕较深，可用抹布蘸茶水擦拭
防虫蛀	◎ 将卫生球或樟脑球放在木制家具中，可以免除蛀虫对家具的咬噬

续表

目的	具体方法
防虫蛀	◎ 如发现家具被虫蛀蚀，可将大蒜削成棒状塞进蛀孔，用腻子封口，将洞内蛀虫杀灭
保滋润	◎ 定期上油、打蜡或使用专业的家具护理精油护理，可锁住木质中的水分，防止木质干裂变形
保光泽	◎ 用纱布蘸花露水轻轻擦拭家具表面，可使光泽暗淡的家具焕然一新
	◎ 用抹布蘸浸泡鲜蛋壳的水擦拭家具，会提升家具的光泽度
	◎ 用抹布蘸淘米水擦拭木制家具，再用干布轻轻擦干，家具表面就会光亮如新

2. 清洁板式家具

板式家具有怕潮、怕烫、怕磕碰、怕酸、怕碱等特点，日常清洁和维护时，需要注意以下几方面的清洁方法与技巧。

（1）清洁方法

1）清洁时，先用鸡毛掸子进行表面除尘处理。

2）用毛巾、棉布、棉织品等吸水性好的布料擦拭板式家具表面。

3）为保持家具日久常新，应选用适宜的清洁剂。

（2）清洁技巧

1）冷茶水保洁

用冷茶水擦洗油漆板式家具上的灰尘，可使家具特别光洁明亮。

2）牛奶保洁

用一块干净的抹布放到牛奶里浸一下，然后拧干水分擦拭，再用清水擦一遍，可有效去除板式家具上的污垢。

3）啤酒保洁

取 1 400 毫升左右的淡色啤酒煮沸，加入 14 克糖和 28 克蜂蜡，搅拌至充分混合，冷却后，用软布蘸取擦拭板式家具，再用清水擦干净，然后以软布擦干。

4）白醋保洁

将白醋和热水按 1∶1 的比例混合，轻轻擦拭被油墨污染的家具，让醋水在污迹表面上静置片刻，再用一块软布擦拭。

5）柠檬保洁

如板式家具不慎被烫并留下烫痕，可先用柠檬片或蘸了柠檬汁的抹布擦拭，再用浸过热水的抹布擦拭，最后用干的抹布迅速擦干水迹。

6）牙膏保洁

用抹布蘸牙膏轻轻擦拭，利用牙膏的漂白功能，可使白色油漆板式家具的颜色由黄转白。

操作实例

清洁衣橱

操作准备

手套	湿抹布	清洁剂
吸尘器	小毛刷	色拉油
纸巾	干抹布	橡皮
冰袋	冷水	钝的刮刀
硬卡片	—	—

操作步骤

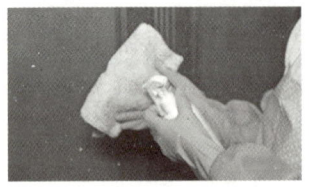

步骤 1

用拧干水分的湿抹布蘸清洁剂擦拭柜体和柜门，轨道的灰尘可用吸尘器或小毛刷清理。

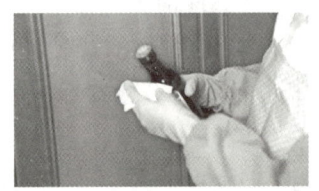

步骤 2

用色拉油把纸巾浸湿，静置在贴纸上几分钟，再用干抹布顺着木纹方向轻擦，即可去除衣橱上的贴纸。

步骤 3

用软的橡皮擦拭柜体，可清除柜体上的圆珠笔或墨水痕迹。

步骤 4

若口香糖粘在柜体上，可用冰袋或冷水将其冷却后，用钝的刮刀或硬卡片轻轻刮掉。

注意事项

1. 清洁时应防止重物及锐器砸碰轨道、划伤柜体及门板，柜体封边不能碰水及其他液体溶剂，以免封边出现脱落。
2. 如各种茶渍、菜汁、水果汁、黄油等溅在衣橱表面留下轻微污点，要立即擦掉。
3. 柜架、拉杆等金属件只需用干抹布轻轻擦拭即可，如果金属件上出现难以去除的黑点，可用煤油擦拭、清洗。

扫码看视频　　　　清洁衣橱

3. 清洁皮革类家具操作实例

操作准备		
手套	鸡毛掸子	湿抹布
清洁剂	皮革去污上光剂	干抹布
海绵	—	—

操作步骤

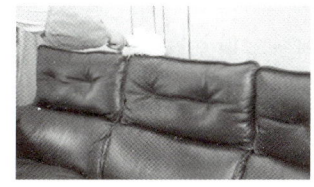

步骤 1
用鸡毛掸子掸去皮革上的灰尘。

步骤 2
用拧干水分的湿抹布慢慢擦拭皮革表面。

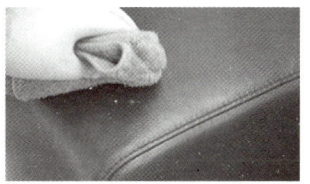

步骤 3
如果皮革上有污渍，可用湿抹布蘸有微量清洁剂的水溶液轻轻擦拭。

步骤 4
将抹布用清水清洗干净。

家·务·服·务

| 操作步骤 |

步骤 5

拧干水分后继续擦拭皮革 1～2 遍。

步骤 6

待水八成干,均匀抹上皮革去污上光剂。

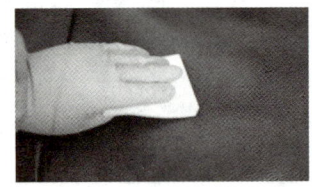

步骤 7

有水渍或饮料洒在皮革上,应立即用干抹布或海绵将其吸干,并用湿抹布擦拭,让其自然风干。

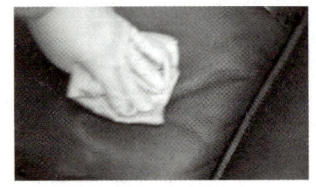

步骤 8

若沾上油渍,应用干抹布擦干净,剩余的待其自然消散,或用清洁剂清洗,不可用水擦洗。

注意事项

1. 避免锐器碰撞、划伤皮革或宠物抓破皮革。
2. 取暖器应放置在离皮革一定距离处,皮革最好避免阳光直射或在阳光下暴晒。
3. 不要用烈性去污品,如汽油、松节油、酸性清洁剂、碱性清洁剂等清洁皮革沙发。

扫码看视频

清洁皮革类家具

> **小贴士**
>
> ※ 香蕉皮具有除污、抛光和保养皮面的作用，用香蕉皮擦拭弄脏了的皮沙发或皮包上的油污，能使皮面干净漂亮。
> ※ 清洁皮革制品后，可先涂上一层凡士林，再用软布反复擦拭，皮革表面就会光亮如新。
> ※ 用棉布蘸取适量的蛋清，反复擦拭皮革表面较脏的地方，不仅能够除去污渍，还可以使皮革呈现出原有的光泽。

4. 清洁布艺家具

高级的布艺家具如布艺沙发等，在正常情况下，应每 10 个月左右清洁一次，以保持布艺沙发的洁净。同时，平常应加强对布艺沙发的保护，注意经常吸尘、防潮。

（1）布艺沙发局部有污渍时，可选用沙发或地毯专用清洁剂，用洁净的抹布蘸少量清洁剂，在脏处反复擦拭，直至去掉污渍。

（2）布艺沙发的扶手、坐垫容易脏，可在上面铺放沙发巾。

（3）布艺沙发容易积灰，特别是扶手、靠背、缝隙处，应每周用吸尘器除尘一次。

（4）布艺沙发上有大片脏污时，可以用拧干水分的抹布擦拭，若是可拆的布面，则应将其拆下来清洗。

操作实例

清洁布艺沙发

操作准备

吸尘器	沙发专用清洁剂	干抹布

操作步骤	
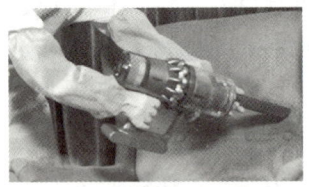 步骤 1 用吸尘器除去沙发表面沾染的灰尘。	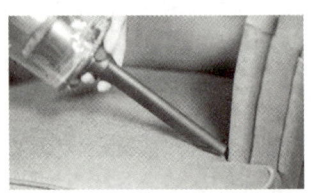 步骤 2 重点清洁沙发各缝隙内的灰尘。
 步骤 3 将沙发专用清洁剂喷在洁净的干抹布上。	 步骤 4 在脏处反复擦拭,直至去掉污渍。

注意事项

1. 清洁布艺沙发时不要用水擦拭,以免水进入沙发内层,使沙发里面的布受潮、变形,沙发布缩水,影响沙发外观、外形。
2. 清洁布艺沙发,若需要用到清洁剂时,应先在沙发不显眼的位置用清洁剂做一下褪色测试,不褪色的才可以继续使用,若发生褪色,应更换清洁方式。
3. 清洁后的沙发或坐垫应避光晾晒,切不可直接暴晒,否则会造成布艺材质褪色、缩水、变硬。

扫码看视频

清洁布艺沙发

5. 清洁金属家具

清洁金属家具的关键在于防潮、防磕碰、防锈及除锈等，其具体清洁方法与技巧见表 4-9。

表 4-9　金属家具的清洁方法与技巧

金属家具清洁		具体内容
方法		◎ 用鸡毛掸子或吹风机去除家具表面的灰尘
		◎ 用毛巾或软绵绒布轻轻擦拭家具表面
技巧	镀钛家具	◎ 优质的镀钛家具不会生锈，经常用干棉丝或细布擦一擦，可保持家具的光亮和美观
	喷塑家具	◎ 如出现污渍，可用湿棉布擦净后再用干棉布擦干
		◎ 如出现生锈现象，可用棉纱蘸机油涂于生锈处，稍等几分钟后用抹布擦拭便可消除锈迹
	镀铬家具	◎ 用中性机油经常擦拭，可防止镀铬家具生锈处延展扩大
		◎ 如已生锈，可用棉丝或毛刷蘸机油涂在生锈处，反复擦拭，直到锈迹清除为止
	钢制家具	◎ 钢制家具可用柔软的布进行擦拭，避免使用粗糙、湿的布块擦拭
		◎ 杜绝用有机溶剂如松脂油、去污油擦拭钢制家具
	电镀家具	◎ 用盐和醋的混合液清洁电镀家具，可使其更加光亮

6. 清洁聚氨酯漆面家具

聚氨酯漆面家具具有耐磨、防滑、抗拉、耐腐蚀，以及易于清洗等优点，其清洁方法与技巧如下。

（1）经常吸尘或用潮湿的抹布进行擦拭，以保持漆面干燥清洁。

（2）避免与大量的水接触，将水渍及时擦洗干净，或用风扇吹干。避免阳光暴晒或用电炉烘烤，以免干燥过快而导致漆膜干裂。

（3）不允许用碱水、肥皂水擦洗，以免损坏漆膜，可以用拧干水分的纯棉布进行擦拭。如果希望效果更好，可使用专用的清洁剂，不可用汽油，以免导致火灾险情。

注意事项

※ 聚氨酯漆面家具不宜放在阳光能够直射的地方，若放置于近窗的地方，应注意随时拉上窗帘，遮住阳光的照射，以免漆膜褪色或过早老化。

※ 家具切忌靠近火炉和暖气片等取暖设施，也不可接触滚烫的水壶等高温物体，以免高温烘烤致使家具开裂，漆膜剥落。

※ 家具表面的漆膜要经常用柔软的纱布清除灰尘污迹，并定期用汽车上光蜡或地板蜡擦拭。

※ 家具表面不得用碱水或沸水洗刷，更不能接触高浓度的酒精、香蕉水，以免损坏漆膜。

※ 家具表面的漆膜应尽量避免长时间浸润各类液体，如有接触，应立即将其擦干。

※ 家具表面要谨防硬物碰撞和刀子刻划，也不宜在桌面上复印抄写，更不可在桌面上切菜。

7. 清洁藤艺家具

藤艺家具是最环保的家具类型，它不受地方性和季节性的限制，韧性大，防蛀、防潮、经久耐用，且越用越亮，其清洁方法与技巧如下。

（1）藤艺家具比皮制、布艺家具更耐磨、耐脏，平时只需用干布擦去灰尘即可，较脏时，可用湿布拧干擦拭。

（2）藤条上有污垢时，可用淡盐水擦拭，既能去污，又能使其有韧性、长久不衰，还能起到一定的防脆折、防虫蛀的作用。

（3）藤艺家具表面上的灰尘可用柔软的湿抹布擦拭，缝隙间的灰尘可用油漆刷或吸尘器清理，不可使用清洁剂或其他化学制剂擦拭，也不宜直接暴露在阳光下，以免家具失去弹性和光泽。

注意事项

※ 不要将藤艺家具放在火炉旁或暖气旁，更不要在阳光下暴晒。
※ 清洁藤艺家具时，不能使用破坏家具表面的清洁剂或溶剂擦拭。

四、清洁、消毒卫生洁具

1. 清洁、消毒马桶

马桶是卫生间的主要卫生洁具，清洁马桶的具体要求是内部无污渍、污垢；外部无灰尘、污渍、污垢及明显水渍、水迹；釉面色泽光亮，无损伤；上下水通畅，无阻碍；马桶盖、马桶圈无水迹等。

家·务·服·务

操作实例

清洁马桶

操作准备

手套	洁厕灵	马桶刷
湿抹布	旧牙刷	—

操作步骤

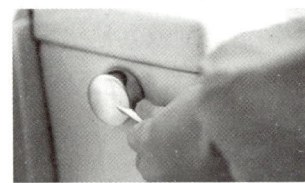

步骤1

按下马桶冲水按钮,冲洗马桶内的粪尿残留。

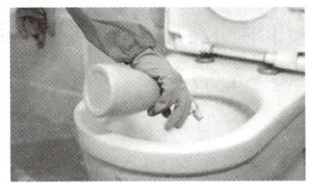

步骤2

将洁厕灵溶液喷洒到马桶内部,静置几分钟。

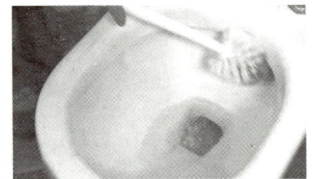

步骤3

用马桶刷刷洗马桶内壁,下水道和缝隙处要重点刷洗。

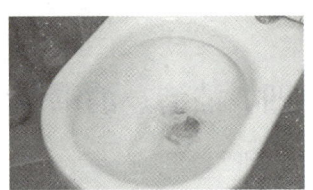

步骤4

按下冲水按钮,用清水冲洗干净洁厕灵溶液。

模块四 | 清洁家居

操作步骤	
 步骤 5 用马桶专用湿抹布擦拭马桶盖、马桶圈。	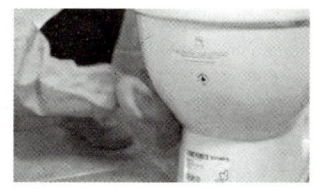 步骤 6 最后将马桶底座外部擦拭干净。

注意事项

1. 马桶最好每天清洁一次，如果马桶圈上套了布套，应取下每周清洗一次。
2. 马桶上一些不易清洗的卫生死角，可用旧牙刷来清洗。
3. 千万不要混合使用清洁剂，因为不同种类的清洁剂混合后可能会产生有毒气体，甚至发生剧烈反应、爆炸和飞溅。

扫码看视频

清洁马桶

2. 清洁面盆、梳洗柜操作实例

操作准备		
手套	湿抹布	尼龙丝袜
肥皂头	餐巾纸	纤维布
中性洗涤剂	玻璃清洁剂	干抹布

操作步骤	
 步骤 1 整理放置于面盆上的日用品。	 步骤 2 用拧干的湿抹布擦拭台面。
 步骤 3 整理面盆上方置物板或梳洗柜中的物品。	 步骤 4 将废弃的尼龙丝袜筒浸水后装入肥皂头,擦拭面盆、梳洗柜表面的污渍。
 步骤 5 陶瓷盆有油污时,可以用超细纤维布或餐巾纸配上中性洗涤剂擦拭。	 步骤 6 用玻璃清洁剂喷涂镜面,用湿抹布擦拭,再用干抹布将镜面擦拭干净。

注意事项

1. 面盆下方的存水弯头可拆卸下来,将堆积的污物取出,可保持排水通畅,有效避免水管的堵塞。
2. 忌用硬刷子、酸碱性化学溶剂擦拭刷洗面盆,否则会在面盆表面形成细小刮痕,使其变得粗糙而容易沉积污垢。
3. 面盆上方的置物板上不放置体积较大或质量较重的日用品,若要放置,请另外安装储物柜,以防置物板无法承载而掉落在面盆上,对面盆造成损伤。

扫码看视频

清洁面盆、梳洗柜

3. 清洁、消毒莲蓬头和水龙头操作实例

操作准备

旧牙刷	粗针	白醋
抹布	柠檬	—

操作步骤

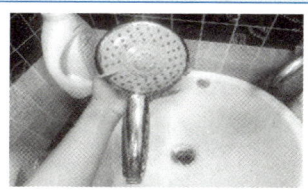

步骤 1
将莲蓬头拆卸下来。

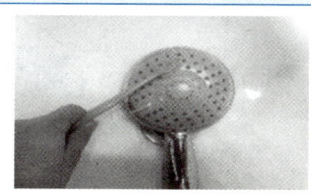

步骤 2
用旧牙刷刷喷头,并用粗针清除莲蓬头小眼的阻塞物。

操作步骤	
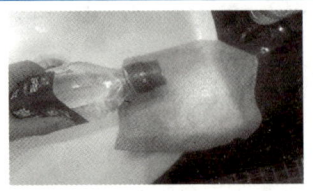	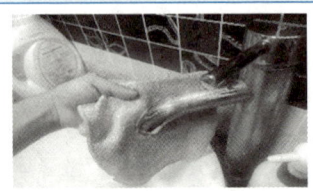
步骤 3	步骤 4
把白醋倒在干净的抹布上。	用抹布擦拭消除莲蓬头和水龙头表面的硬水沉积物，也可用柠檬切面擦拭水龙头表面。

注意事项

不可用洁厕灵等高浓度的强酸、强碱溶液清洁莲蓬头和水龙头。

4. 清洁、消毒浴缸

浴缸的清洁、消毒方法与技巧如下。

（1）浴缸应用柔软的抹布或海绵进行清洁，不要使用硬质刷子或去污粉刷洗浴缸，以免划伤其表面。

（2）如有污垢，可先用浴缸清洁剂喷洒浴缸表面并静置5分钟，再用干抹布擦拭，最后用清水冲洗干净。

（3）浴缸的管道要定期进行消毒，将专业的下水道清洁剂灌进下水道5分钟后再清洗，即可将异味、细菌消除。

注意事项

※ 不要使用深色的清洁剂清洁浴缸，否则容易导致色素渗入缸面。

※ 不要放置任何金属物品于缸内，否则会令浴缸生锈且弄脏缸面。